# Unternehmen positiv gestalten

Dominik Dallwitz-Wegner

# Unternehmen positiv gestalten

Einstellungs- und Verhaltensänderung als
Schlüssel zum Unternehmenserfolg

 Springer Gabler

Dominik Dallwitz-Wegner
Hamburg
Deutschland

ISBN 978-3-658-05039-9      ISBN 978-3-658-05040-5 (eBook)
DOI 10.1007/978-3-658-05040-5

Die Deutsche Nationalbibliothek verzeichnet diese Publikation in der Deutschen Nationalbibliografie; detaillier-
te bibliografische Daten sind im Internet über http://dnb.d-nb.de abrufbar.

Springer Gabler

Gedruckt auf säurefreiem und chlorfrei gebleichtem Papier

Springer Fachmedien Wiesbaden ist Teil der Fachverlagsgruppe Springer Science+Business Media
(www.springer.com)

# Vorwort: Über dieses Buch

Ende der 90er war eine aufregende Zeit, die sogenannte New Economy entwickelte sich. Firmen sprossen mit teilweise verrückten Ideen aus dem Boden. Einige davon erwiesen sich als sehr erfolgreich. Ich selbst war nach einigen Jahren als Marktforscher seit 1998 ein Pionier der Online-Marktforschung geworden. Marktforschung über das Internet galt als unseriös, und wenige glaubten an deren Zukunft. Heute ist sie eine der umsatzstärksten Bereiche der Branche. Nachdem mein eigenes Unternehmen Anfang 2000 von Ciao (das damals wahrscheinlich größte Verbraucherportal Europas) aufgekauft wurde, baute ich dort die Marktforschungsabteilung auf. Alle Mitarbeiter fühlten sich als Gemeinschaft. Wir wollten gemeinsam neue Dienstleistungen erschaffen, Erfolg und Spaß haben. Nach dem ersten Internet-Crash 2000–2001 wechselte ich in den Vertrieb, um die aufgebauten Tools und Dienstleistungen in der ganzen Welt – von Amerika über Europa bis Japan – zu vertreiben. Ich machte dabei Millionenumsätze mit einem entsprechend lukrativen Gehalt.

Hatte ich also alles, was es für eine positive Unternehmenskultur und hohe Arbeitszufriedenheit braucht? Ich hatte mehr als genug Geld, war von jungen dynamischen Menschen umgeben, hatte einen guten Ruf und einen aufregenden Job. Was will man mehr?

Leider wurden mit den Wellen von Krise und Erfolg auch andere Strukturen in die New Economy gespült. Als im Krisenjahr 2001 die gesamte junge Branche der Internetdienstleister zu wanken begann, verschwanden auch in unserem Unternehmen die vielen kleinen Annehmlichkeiten wie kostenlose Getränke aller Art oder unbeschränkte Reisebudgets. Im Rahmen der Neustrukturierung wurden zusätzliche Hierarchieebenen eingeführt. Auf dem darauffolgenden Erfolgskurs wurde Ciao 2007 auf den Verkauf vorbereitet[1]. Eine der Maßnahmen waren Arbeitsprozesse nach SOX (Sarbanes-Oxley Act). Das amerikanische Gesetz diente uns unter anderem als internes Kontrollsystem, um das Unternehmen für potenzielle Käufer transparent zu machen. Eine Folge davon war, dass nun alle Prozesse geregelt wurden und Bericht darüber erstattet werden musste. Wir konnten uns kein Hotelzimmer mehr selbst aussuchen (selbst wenn dies billiger gewesen wäre), über interne Prozesse nicht mehr nach eigenem Ermessen entscheiden und verbrachten gefühlt mehr Zeit damit, Berichte auszufüllen als unsere eigentliche Arbeit zu tun.

---

[1] 2008 erfolgte der Verkauf an Microsoft für US$486 Mio.

Der wichtigste Punkt, der vielleicht durch alles andere unterstrichen wurde: Mein Beruf erschien mir mehr und mehr als sinnlos. Marktforschung ist wichtig. Verliert man allerdings völlig den Bezug zu den eigentlichen Produkten, die untersucht werden sollen und zu den positiven Folgen, die die Forschung als Ergebnis erbringt, verblasst die empfundene Wirksamkeit. Ich fühlte mich nur noch wie eine Maschine, die ungreifbare Dienstleistungen vertrieb.

Ich hatte mich bereits seit Anfang 2000 mit der Positiven Psychologie auseinandergesetzt. Sie öffnete mir die Augen für menschliches Verhalten, Ziele und für meine Vision, wie Wirtschaft auch aussehen kann. Seit meinem Einstieg 2007 in den eigenbestimmten Arbeitsweg als Redner, Berater, Seminarleiter und Coach merke ich trotz aller Hausforderungen doch jeden Tag, dass sich meine Entscheidung gelohnt hat.

Dieser Werdegang könnte als symptomatisch für die Situation vieler Arbeitnehmer in deutschen Unternehmen angesehen werden. Nie haben die Deutschen auf so hohem Niveau geklagt. In einer Zeit des lang anhaltenden Friedens in Europa, der fortgeschrittenen Medizin und Grundversorgung, hören wir unsere Mitarbeiter, Kollegen und Vorgesetzen klagen. Das bisherige Bild von straffer Führung und der möglichst starken Regelung von Prozessen scheint immer weniger erfolgreich. Menschen leiden unter der unmenschlichen Wirtschaft.

Müssen wir diesen Weg weitergehen, bis wir zusammenbrechen? Nein, es geht auch anders. Arbeit kann Freude machen mit Unterstützung von Kollegen und Vorgesetzten, erreichbaren Zielen und einer sinnvollen Tätigkeit. Die Wissenschaft hilft uns dabei.

Vielleicht wird man das 21. Jahrhundert irgendwann einmal das Goldene Zeitalter nennen. Zwar stehen wir vielen ernsten Herausforderungen gegenüber. Gleichzeitig haben wir jedoch die technischen und humanitären Ressourcen zur Verfügung, die ökologischen wie ökonomischen Schwierigkeiten zu meistern. Eine dieser Ressourcen sind die Erkenntnisse aus der Positiven Psychologie. Sie gibt uns Hinweise darauf, was wir tun können, um ein besseres Berufs- und Privatleben zu führen.

▶      Die Frage ist nicht mehr, was wir dafür tun können, sondern wann wir damit
        anfangen, unser Leben erblühen zu lassen und dieses Jahrhundert lebenswert
        zu machen.


Dieses Buch führt ein kleines Kunststück vor: den Spagat in der Verbindung von Vernunft und Emotion. Dieser Spagat ist die Aufgabe, deren Bewältigung zu einer „positiven Evolution der Wirtschaft" führen kann. Dazu müssen wir Zeit, Geld und Mühe investieren. Ressourcen können wir aber nur mit guten, rationalen Argumenten gewinnen. Mit wissenschaftlichen Erkenntnissen können wir unsere Beweggründe und unser Handeln weiter absichern. Gleichzeitig brauchen wir nachhaltige Motivation, deren Wurzeln uns manchmal verborgen sind. In Kap. 1 lernen Sie daher zunächst eine Metapher vom Reiter (Vernunft/Intellekt) und Elefanten (Unbewusstes/Emotion) kennen, die theoretisch wie praktisch am besten geeignet ist, diesen Spagat zu beschreiben.

In Kap. 2 werden die Herausforderungen der Gegenwart beschrieben. Sie finden hier viele schlagkräftige Argumente für einen Wandel. Schließlich verbrennen wir tagtäglich sinnlos Geld und Arbeitskraft. Das lässt sich in barer Münze benennen.

Eine mögliche Lösung bietet Kap. 3. Sie besteht in der praktischen Umsetzung wissenschaftlicher Erkenntnisse. Sie erhalten aktuelle Erkenntnisse, wie Zufriedenheit und positive Emotionen zu mehr Erfolg, Leistung und Gesundheit führen können.

Die Lösungsansätze sind belegbar effektiv und nutzen Arbeitnehmern wie auch dem Unternehmen. Warum setzen wir sie nicht schon weitflächig ein? Der Beantwortung dieser Frage geht Kap. 4 nach. Unter anderem liegt die Zögerlichkeit an einigen Missverständnissen, die in Abschn. 7 aufgeklärt werden.

Kapitel 5 stellt alle theoretischen Grundlagen für den Praxisteil zur Verfügung. Sie finden dort für Ihren Intellekt viele Informationen über die Seriosität von Emotionen, Flow, Werten oder ein Umdenken der Ökonomie. Ein gutes Haus braucht schließlich eine stabile Basis.

Solchermaßen gestärkt geht es in die Praxis. Als ersten Schritt finden Sie in Kap. 6 das strategische Einmaleins der positiven Evolution Ihres Unternehmens – gefolgt von vielen praktischen Beispielen für die emotionale Umsetzung. Ergänzt wird die praktische Umsetzung durch die Arbeitsunterlagen und -hilfen in „Anhang".

Dankbarkeit ist eine der effizientesten Übungen für Lebenszufriedenheit. Hier also auch mein Dank an diejenigen, ohne die das Buch nicht entstanden wäre. Als erstes danke ich meiner Lebensgefährtin Ute Rademacher, die als Professorin für Wirtschaftspsychologie nicht nur kompetente Sparringspartnerin war, sondern mich mit ihrem Engagement immer wieder motiviert hat, weiterzuschreiben. Ich danke Professor Karlheinz Ruckriegel für seinen kraftvollen Einsatz für eine menschlichere Wirtschaft, der sich unter anderem in seinem Beitrag in diesem Buch zeigt. Gerne danke ich auch den helfenden Testlesern und Lektoren, die dafür gesorgt haben, dass Sie ein formell nahezu fehlerfreies Lesevergnügen erleben dürfen – stellvertretend nenne ich hierbei Anja-Katharina Riesterer. Last but not least, herzlichen Dank an Irene Buttkus von Springer Gabler Verlag, die mit ihren produktiven Veränderungsvorschlägen für die Verbesserung der Inhalte gesorgt hat.

Ich wünsche Ihnen viel Erfolg und vor allem viel Spaß beim Lesen und bei der Umsetzung.

Mit den besten Grüßen
Dominik Dallwitz-Wegner

# Inhaltsverzeichnis

# Elefant und Reiter

1

**Zusammenfassung**

Dieses Buch zeigt Wege auf, wie wir die erhöhte psychosoziale Belastung am Arbeits-platz und deren Folgen meistern können. Hierfür benötigen Manager und Mitarbeiter, die Überzeugungsarbeit leisten möchten, gute Argumente und abgesicherte Erkennt-nisse. Diese sind überwiegend rational. Das Kapitel „Elefant und Reiter" wird zeigen, dass Rationalität wichtig ist, jedoch alleine nicht die Lösung sein kann. Die eigent-lichen Interventionen zielen auch auf die Stärkung emotionaler und sozialer Kompe-tenz. Diese sind teilweise nicht rational zugänglich. Dieses Buch bringt beide Ebenen zusammen – den rationalen Reiter und den emotionalen Elefanten. Reiter und Elefant müssen in die gleiche Richtung laufen, um erfolgreich zu arbeiten.

Details zum theoretischen Hintergrund finden Sie in Abschn. 5.1. Hier soll die Me-tapher nur zum Verständnis von Positiven Interventionen beitragen.

Die „Elefant und Reiter"-Metapher ist im Bereich Wirtschaft noch jung. Ihr Bild ähnelt dem des Eisbergs: Über Wasser befinden sich der Intellekt oder die Kognition. Unterhalb der Wasseroberfläche liegen das Unbewusste oder Unterbewusste. Je tiefer man sinkt, desto „tiefer" gelangt man in die älteren Gehirnfunktionen bis zum sogenannten Echsen-hirn oder Stammhirn.

Die Metapher von Elefant und Reiter symbolisiert den gleichen Gedanken, ist jedoch lebendiger und lässt sich in der Praxis besser umsetzen. Das werden Sie in diesem Kapitel erleben. Der Reiter stellt den Intellekt dar, die Kognition. Der Elefant steht für die un- oder unterbewussten Prozesse unseres Gehirns (siehe Abb. 1.1).

Der Reiter ist der Intellekt oder logische Verstand, er:

- sorgt dafür, dass wir logisch planen und strukturiert vorgehen können.
- benötigt viel Energie, ist nur für einen begrenzten Zeitraum konzentriert, bevor er sich ausruhen muss.
- nimmt nur einen winzigen Bruchteil der vom Elefanten gefilterten Informationen auf.
- bewältigt in der Regel eine Aufgabe nach der anderen (versuchen Sie einmal, zwei Mathematikaufgaben wirklich gleichzeitig zu lösen).

© Springer Fachmedien Wiesbaden 2016

D. Dallwitz-Wegner, *Unternehmen positiv gestalten,* DOI 10.1007/978-3-658-05040-5_1

**Abb. 1.1** Elefant und Reiter

- hebt uns von den bisher bekannten Gehirnfunktionen der Tiere ab. Er macht das Besondere und Einzigartige des Menschen aus. Durch ihn hat die Spezies Mensch einen großen Teil der Erde für sich nutzbar gemacht und Kulturen geschaffen.

Der Elefant ist in dieser Metapher das Unterbewusstsein. Er hat viele Aufgaben, er:

- regelt unsere Emotionen.
- beinhaltet die reichhaltigen Erfahrungen, die jeder Einzelne in seinem Leben gemacht hat.
- bildet daraus Faustregeln (sogenannte Heuristiken), die schnell und wirkungsvoll eingesetzt werden können. Wir können danach handeln, „ohne nachzudenken".
- beinhaltet tief verwurzelte Wertevorstellungen, die Grundlagen unserer Motivation sind.
- nimmt wesentlich mehr und schneller wahr, was in der Umgebung geschieht.
- bewertet Situationen auf Gefahrenpotenzial oder Attraktivität und gibt nur die Informationen weiter, die als wichtig eingestuft wurden.
- bearbeitet all diese Vorgänge ständig und fast ohne Unterbrechung – ob wir wach sind oder schlafen.
- beherrscht verbale Sprache nur rudimentär.
- ist eher von Assoziationen als von komplexen Schlussfolgerungen geprägt. Das unterscheidet seine Logik deutlich vom Reiter.
- beinhaltet all Ihre Bedürfnisse gleichzeitig, auch wenn sie logisch widersprüchlich sind. Sie können abnehmen UND abends Chips, Süßes oder Alkohol zu sich nehmen wollen. Die Situation entscheidet, welches Bedürfnis sich durchsetzt.
- versteht Negationen nur schlecht, doppelte Verneinung versteht er gar nicht.
- beherrscht Mathematik nur auf eine vereinfachte Art. Er versteht sich zum Beispiel gut auf relative Vergleiche von Mengen. Höhere Mathematik ist ihm größtenteils unzugänglich.
- sorgt zu jeder Zeit für uns, lässt uns Ziele erstreben oder das Leben reichhaltig genießen.

**Tab. 1.1** Reiter und Elefant – wichtigste Unterschiede

| Reiter | Elefant |
|---|---|
| Logik | Emotionen |
| Zugeschaltet für besondere Aufgaben | Läuft immer, Alltag |
| Geringe Kapazität | Umfangreiche Kapazität |
| Seriell arbeitend | Parallel arbeitend, Multitasking |
| Versteht verbale Sprache | Versteht Verbales nur ansatzweise |
| Langsam, gründlich | Schnell |

In Tab. 1.1 finden Sie die wichtigsten Unterschiede im Überblick.

Reiter und Elefant bilden ein Ganzes und sind für unser Leben notwendig. Beide haben Stärken, aber leider auch Schwächen.

## 1.1 Die Illusion des Reiters

Der Elefant ist wesentlich größer als der Reiter. Dr. Christian Scheier (2012) [1] beziffert die Menge der Informationseinheiten pro Sekunde; also die Anzahl von Einzelreizen, die wir pro Sekunde aufnehmen können. Er unterscheidet dabei zwischen expliziter Wirkung (Elefant) und impliziter Wirkung (Reiter). Demnach kann der Elefant über 11.000.000 Bits pro Sekunde verarbeiten. Davon erreichen den Reiter lediglich 40 Bits pro Sekunde. Mehr könne der Reiter nicht bewältigen (dazu mehr in Abschn. 5.1). Das sind ca. 0,0004 % der Kapazität des Elefanten. Stellen Sie sich vor, Sie würden auf Ihr Kapital so wenig Zinsen erhalten. Räumlich gesehen wäre das das Verhältnis eines Fußballstadions zu einem Stecknadelkopf.

Wenn Sie dieser Zahl skeptisch gegenüber stehen, testen Sie Ihr Bewusstsein doch einfach selbst mithilfe des Youtube_Videos http://www.youtube.com/results?search_query=whodunnit (Suchworte: Test your awareness Whodunnit, Stand 27.08.2014)[1].

Der Reiter ist also winzig im Verhältnis zum Elefanten. Abb. 1.2 zeigt, wie wir das Verhältnis zwischen Reiter und Elefant üblicherweise wahrnehmen:

Der Reiter glaubt, den Elefanten gut unter Kontrolle zu haben, – ein bisschen, als würde er ihn „Gassi" führen. Wenn Sie verliebt sind oder sich ärgern, dann beachten Sie den Elefanten, streicheln ihn vielleicht und müssen sich um ihn kümmern. Im Arbeitsleben

---

[1] Sollte dieses sehr überraschende Video nicht mehr abrufbar sein, hier eine kurze Beschreibung. Sie sehen ein Zimmer, wie man es sich in einem englischen Herrenhaus vorstellt. Mehrere Bedienstete des Hauses und ein Detektiv betrachten ein in der Mitte liegendes Mordopfer. Es werden die letzten Minuten gezeigt, in denen der Kriminalbeamte den Fall löst. Das Entscheidende dabei ist, und damit wird nicht zu viel verraten, dass sich während der durchgehenden Szene das ein oder andere verändert, ohne dass Sie dies wahrnehmen können. Ihr Elefant mag alle Elemente über die Sehnerven aufgenommen haben. Er filtert jedoch alle Informationen, die aus „seiner Sicht" keine spezielle Aufmerksamkeit benötigen. Es werden nur wenige, in diesem Moment relevant erscheinende Elemente an den Reiter weitergegeben.

**Abb. 1.2** Reiter-Wahrnehmung

ist die Vorstellung weit verbreitet, den Elefanten vor der Bürotür schön „Sitz" machen zu lassen und ihn nach der Arbeit wieder abzuholen. Diese Wahrnehmung ist aus Sicht der Psychologie überwiegend irreführend. Im Folgenden finden Sie einige Beispiele dazu.

**Beispiel Trainings**
Sie wissen bereits vieles. Sie haben wahrscheinlich eine gute Ausbildung genossen, vielleicht einige Weiterbildungen hinter sich. Sie kennen möglicherweise Seminare zu Themen wie Kommunikation, Mitarbeiterführung, Organisation, Zeitmanagement, Zielvereinbarung oder Feedbackregeln. Auch kennen Sie Mitarbeiter und Kollegen, die solche Schulungen absolviert haben. Was haben Sie festgestellt? Kommunizieren die trainierten Teilnehmer eines Kommunikationsseminars jetzt optimal oder wenigstens meistens sehr gut? Sind Teilnehmer und Teilnehmerinnen von Achtsamkeitstrainings nun stets oder zumindest meistens achtsam? Haben Sie sich vielleicht schon über einen Kollegen geärgert, der aus einem solchen Seminar scheinbar nichts gelernt hat? Oft werden Sie feststellen, dass solche Maßnahmen einen eher kurzzeitigen Effekt haben – wenn überhaupt. Woran liegt das und wie kann man das verbessern?

**Beispiel Ernährung**

Hier ein drastischeres Beispiel: Wissen Sie, wie man sich gut ernährt? Ja, das wissen Sie wahrscheinlich. Sie könnten jetzt gerade an mediterrane Küche denken, an viel Obst und Gemüse, an den Verzicht auf Süßes, Fettes und Alkoholisches am Abend, an regelmäßige leichte Mahlzeiten. Das alles wissen Sie. Tun Sie es auch immer oder zumindest meistens? Sie wissen, wie man fit wird oder bleibt. Regelmäßig Sport treiben, die Stufen statt der Rolltreppe oder den Fahrstuhl nehmen usw. Und, ist Ihr Körper topfit, Ihre Figur so, wie Sie sie haben möchten? Möglicherweise ist das so. Aller Wahrscheinlichkeit nach ist es jedoch nicht der Fall. Wie kann das sein? Sie wissen alles, was Sie wissen müssen, tun aber nicht (immer) das in diesem Sinne Richtige.

Die Antwort liegt vor allem in einer Illusion, der wir biologisch unterliegen, noch dazu gefüttert von Erziehung, Bildungseinrichtungen und dem Wirtschaftssystem. Die Illusion heißt: Wenn ich etwas verstanden habe, handle ich danach. Die zutreffendere einfache, aber schwer zu vermittelnde Erkenntnis ist: *Verstehen ist nicht gleich Tun.* Etwas zu wissen heißt noch lange nicht, dass es auch umgesetzt wird.

Wenn Sie der Ansicht sind, dass diese Erkenntnis zu banal ist, bitte ich Sie, folgende Sätze zu prüfen. Sollten Sie in den letzten Wochen einen dieser Sätze oder ähnliche gesagt haben, könnten auch Sie der natürlichen Illusion des dominanten Verstandes unterliegen:

- Aber das habe ich Ihnen doch schon gesagt.
- Das haben wir doch so vereinbart.
- Muss ich denn alles zweimal sagen.
- Warum können Sie nicht einfach machen, was ich Ihnen gesagt habe?
- Spreche ich Chinesisch?
- Warum wollen Sie das nicht verstehen?
- Das kann doch nicht so schwer zu verstehen sein.
- Was soll ich denn noch sagen, damit Sie machen, was Sie sollen?

All diese Aussagen oder Fragen sind Hinweise auf die Illusion, dass Verstehen automatisch zu verändertem Handeln führt. Sie wissen intuitiv, dass das nicht so ist. Sollten Sie jedoch Sätze wie oben verwenden, unterliegen auch Sie diesem automatischen Denken. Denn selbst zu erkennen, dass Verstehen nicht gleich Handeln ist, hilft oft nichts. Sie werden unter Umständen dennoch weiter so handeln, als sei Verstehen gleich Tun.

Die Illusion besteht ebenfalls darin, zu glauben, dass unser Handeln meist intellektuelle Gründe hätte. Der Reiter ist der Meinung, die Führung zu haben, den Kurs zu bestimmen, die Zügel in der Hand zu halten. Oft ist der Reiter jedoch „nur" der Pressesprecher, der von den bereits gefällten Entscheidungen erfährt und jetzt in der Öffentlichkeit erklären muss, wie es dazu gekommen ist. In Bezug auf das vorherige Beispiel heißt das: Werden Menschen gefragt, warum sie nicht ihren perfekten Körper haben beziehungsweise nicht häufig genug Sport treiben, werden sie viele Gründe aufzählen können, warum das jetzt gerade nicht möglich ist. Hier einige Beispiele:

- Ich habe keine Zeit dafür.
- Mir kommen häufig wichtigere Dinge dazwischen.
- Früher war das leichter, jetzt ist der Aufwand zu hoch.
- Ich kann keinen Sport mehr machen, weil meine Knie/mein Rücken das nicht mehr mitmachen.
- Das ist doch nicht mehr so wichtig.
- In meiner Umgebung gibt es keine gute Trainingsmöglichkeit.
- Mir ist das zu teuer.

Meist lassen sich für jede dieser Aussagen leicht Gegenargumente finden, wie zum Beispiel: Wenn Sie nicht viel Zeit haben, machen Sie einfach 15 min am Tag Sport oder verbinden Sie körperliche Bewegung mit Tätigkeiten, die Sie sowieso machen müssen (die Treppe in einer U-Bahn-Station zu nutzen dauert in der Regel nicht länger als das Fahren mit der Rolltreppe, ist sogar oft schneller). Doch die wenigsten Menschen lassen sich von Gegenargumenten überzeugen, nach dem Motto: „Ach, wenn ich da nur vorher dran gedacht hätte. Danke für den wertvollen Tipp. Ab jetzt werde ich das garantiert immer machen". Viel wahrscheinlicher ist, dass Sie mit gut gemeinten Gegenargumenten auf Widerstand treffen, der sogar im Streit enden kann. Es ist nur selten möglich, jemanden allein mit Argumenten dabei zu unterstützen, sein Handeln zu verändern. Wahrscheinlich haben auch Sie diese Erfahrung bereits gemacht. Handeln Sie auch danach?

Wenn also Verstehen nicht automatisch gleichzusetzen ist mit Verhaltensänderung, was ist dann das Bindeglied? Es sind die Motivation (siehe Abschn. 5.9) und die Wertevorstellungen (siehe Abschn. 5.6). Die Illusion vom dominierenden Verstand führt in einigen Bereichen zu unangenehmen Nebenwirkungen. Eine davon zeigte sich in der Ökonomie. Die Überbetonung des Reiters hat Modelle gefördert, die in bestimmten Situationen nicht funktionieren oder sogar zu falschen Entscheidungen führen (dazu mehr in Kap. 2, siehe auch Kahneman [2]).

## 1.2  Beispiele

Um die Idee von Elefant und Reiter noch transparenter zu machen, hier ein paar weitere Beispiele.

### Herrchen und Hund

Häufig kann man beobachten, wie Menschen mit ihren Hunden reden. Glaubt man Biologen oder Hundeprofis wie Cesar Millan, verstehen Hunde vor allem Körpersprache und Emotionen, nur sehr eingeschränkt jedoch den Inhalt von Sprache. Hunde sind also in diesem Bild hauptsächlich Elefanten. Sicher haben Sie schon einmal gehört, wie jemand zu seinem Hund sagt: „Fifi, warum hast du das gemacht? Du weißt doch, dass das nicht richtig ist." Haben Sie einen Hund darauf schon einmal vernünftig antworten hören? Was geschieht hier? Der Besitzer adressiert den Reiter, der fast nicht vorhanden ist. Er hofft auf die kognitive (Reiter-)Einsicht des Hundes, dass das Verhalten nicht richtig war. Das kann natürlich nicht funktionieren. Auf emotionaler (Elefanten-)Ebene allerdings mag das durchaus gut gehen. Durch Körpersprache und eine Form des „Anbellens" macht der Besitzer deutlich, dass er das gezeigte Verhalten missbilligt. Der Hund reagiert auf der gleichen Ebene zum Beispiel mit geduckter Haltung. Wenn Körpersprache und Intonation stimmen, lernt der Hund aus der Situation – allerdings nur auf Elefantenweise.

## Flugangst

Eine Frau arbeitet in einem psychologischen Institut. Sie hat Flugangst und erzählt es den Kollegen. Man könnte annehmen, dass Psychologen entsprechende Hilfestellung geben können. Der Hilfeversuch sieht folgendermaßen aus: „Sie brauchen keine Flugangst zu haben. Es ist dreimal wahrscheinlicher, vom Blitz getroffen zu werden, als mit dem Flugzeug abzustürzen." Was ist hier aus Sicht von Reiter und Elefant geschehen? Da stand ein verängstigter Elefant, der Zuspruch brauchte. Die Antwort richtete sich an den Reiter mit einer vernünftigen statistischen Antwort. Leider versteht der Elefant diese nicht. Höchstens, dass er jetzt nicht nur vor Flügen, sondern auch noch vor Blitzen Angst haben muss. Wie holt man hier Elefant und Reiter ins gleiche Boot? Zunächst muss der Elefant überzeugt werden, dass die jetzige Situation vertrauensvoll ist. Also ist es sinnvoll, zunächst auf emotionaler Ebene beruhigend auf den Gesprächspartner einzugehen. Sie könnten der beschriebenen Dame zunächst einmal Verständnis entgegen bringen, ihr sagen, dass sie das mit der Flugangst kennen, dass Sie mit ihr fühlen. Empathie beruhigt den Elefanten. Wenn Sie es anschließend sinnvoll finden, rational zu argumentieren, haben Sie nach der Vorarbeit wesentlich bessere Chancen, Ihre Botschaft ankommen zu lassen.

## Leistungsdruck

Ein Abteilungsleiter einer Kreativabteilung eines Marketingunternehmens möchte einen Mitarbeiter zu Höchstleistungen anregen. Er sagt: „Ich möchte bis in zwei Stunden zehn verschiedene kreative Ideen auf dem Tisch liegen haben. Wenn nicht, war das das letzte, was Sie hier gemacht haben." Der Abteilungsleiter ist als ironischer Mensch bekannt. Die Ankündigung könnte also unter Umständen ein Scherz gewesen sein. Aber wer weiß? Der Elefant weiß es nicht. Was geschieht nun Reiter-Elefant-gemäß? Der Elefant sieht das Feuer des angedrohten Rauswurfs und fängt an, in irgendeine Richtung zu laufen. Wenn wir unter Stress geraten, verengt sich unsere Sicht (zum Tunnelblick siehe Abschn. 5.5.5), die Kreativität wird eingeschränkt. Auf diese Weise wird der Abteilungsleiter keine optimale Leistung erhalten. Er sollte lieber eine Umgebung schaffen, die die Kreativität des Mitarbeiters anregt (zum Beispiel soziale Unterstützung von Kollegen anbieten, einen kooperativen Wettbewerb starten, ihm eine Belohnung versprechen) und den Reiter mit ins Boot holen, indem er den Sinn des Auftrags vermittelt.

Reiter und Elefant sind keine Gegner. Sie sind zwei Bestandteile unseres Denkens.

**Abb. 1.3** Ziel Positiver
Interventionen

## 1.3    Mit Reiter und Elefant bei der Arbeit

Stellen Sie sich bitte kurz vor, wie unser Arbeitsalltag ohne den Reiter aussähe. Nein, stellen Sie sich das besser nicht vor (eine Anweisung, die Ihr Elefant jetzt nicht verstehen kann). Der Reiter unterscheidet den Menschen vom Tier. Er hat Menschen in die Lage versetzt, Werkzeuge zu entwickeln, Fahrzeuge, die sich mit „unmenschlicher" Geschwindigkeit fortbewegen und sogar fliegen können oder eine komplexe Wirtschaftsordnung möglich machen. Wirtschaftliches Handeln ist zu einem großen Teil Reiterarbeit. Die Wirtschaftswelt ist stark durch Zahlen und rationale Zusammenhänge geprägt. Es geht also nicht darum, den Intellekt aus wirtschaftlichen Modellen und dem Arbeitsleben auszuschließen, sondern ihn mit unseren emotionalen und wertorientierten Grundlagen zu verbinden. Wie das praktisch in Ihrem Unternehmen umgesetzt werden kann, sehen Sie in Kap. 6. Dort werden verschiedene Interventionen (Übungen/Trainings/Workshops) beschrieben, die Sie selbst umsetzen können.

Abbildung 1.3 zeigt das Ziel von Positiven Interventionen.

Lassen Sie sich bitte auf ein kleines Experiment ein. Stellen Sie sich mal vor, Ihre Kollegen und Mitarbeiter sind motiviert und sehen Sinn in ihren Tätigkeiten. Sie haben Spaß an der Arbeit. Realistische, aber hoch gesteckte Ziele werden gemeinsam erarbeitet. Sie und ihre Kollegen unterstützen sich gegenseitig. Ist ein Ziel geschafft, wird das gemeinsam gefeiert. Schwierigkeiten wird mutig, optimistisch und lösungsorientiert ins Auge geschaut. Wenn Sie krank sind, übernehmen Ihre Kollegen Ihre Vertretung ohne Murren, weil sie wissen, dass auch Sie das Gleiche tun würden. Sie erhalten Anerkennung und Wertschätzung als Person und für Ihre Leistungen. Sie bekommen angemessenes Feedback zu Ihrer Arbeit und werden bei der Verbesserung Ihrer Leistung konstruktiv gefördert. Das unterstützt nicht nur den wirtschaftlichen Erfolg, sondern auch ein angenehmes Betriebsklima.

Fühlt sich diese Vorstellung gut an? Möchten Sie diese Vorstellung in die Realität umsetzen? Dann lesen Sie entspannt weiter und erfreuen sich an den Möglichkeiten, die Sie haben.

### Fazit

Der Reiter ist sich seiner selbst bewusst und daher der Meinung, er habe den Überblick und bestimme die Richtung. Dabei ist er oftmals blind für den Elefanten. Der Elefant bestimmt jedoch unbemerkt die überwiegende Mehrheit aller Entscheidungssituationen und den Alltag. Beide Anteile sind wichtig und sollten berücksichtigt werden.

Wenn wir es auch in der Wirtschaftswelt schaffen, Elefant und Reiter gemeinsam in die gleiche Richtung laufen zu lassen, lassen sich viele psychosoziale Probleme lösen. Welche das genau sind, sehen Sie im nächsten Kapitel. In den darauffolgenden Kapiteln wird das leistungsstarke Bild des Elefanten und des Reiters immer wieder auftauchen. Sie werden sehen, warum die Einheit hergestellt werden muss, was das konkret bringt und wie man dies erreichen kann.

## Literatur

1. Scheier C, Held D (2006) Wie Werbung wirkt. Erkenntnisse des Neuromarketing. Haufe, München
2. Kahneman D (2012) Schnelles Denken, langsames Denken. Siedler Verlag, München

# Herausforderungen der Gegenwart **2**

**Zusammenfassung**

Im betriebswirtschaftlichen Kontext geht es häufig um Ressourcenverteilung. Ressourcen werden nur freigestellt, wenn es den Interessen des Unternehmens dient und vor allem dann, wenn es dringenden Handlungsbedarf gibt. Dieses Kapitel stellt dar, welcher wirtschaftliche Schaden durch den falschen Umgang mit dem Elefanten entsteht. Die Vermeidung dieser Schäden ist ein Wirtschaftsfaktor.

Die Situation ist bereits kritisch. Entsprechende Gegenprogramme, die in späteren Kapiteln dargestellt werden, sind dringend und wichtig. Das Kapitel ist die argumentative Grundlage, warum die Ressourcen Zeit, Geld und Arbeitskraft investiert werden müssen. Es werden „Reiter-Argumente" dargestellt, die eine „positive Evolution der Wirtschaft" notwendig machen:

Die aktuellen Belastungen nehmen zu und kosten viel Geld (Abschn. 2.1). Verursacher ist unter anderem die immer komplexer, dynamischer und schneller werdende Umwelt. Ein Teil der Komplexität ergibt sich aus Prozessen der Arbeitswelt. Aber auch darüber hinaus wird das Leben komplexer. Um den Druck, unter dem Mitarbeiter und Führungskräfte stehen, besser zu verstehen, stellt Abschn. 2.2 die verschiedenen Ursachen dar. Zudem haben wir es mit einer generellen Wirtschaftskultur zu tun, die durch veraltete Vorstellungen von menschlichen Ressourcen geprägt ist (siehe Abschn. 2.3). Der Druck nimmt stetig zu (Abschn. 2.4). Das hat bereits wirtschaftspolitische Folgen (siehe Abschn. 2.5).

© Springer Fachmedien Wiesbaden 2016          11
D. Dallwitz-Wegner, *Unternehmen positiv gestalten,* DOI 10.1007/978-3-658-05040-5_2

## 2.1   Psychosoziale Kosten – Der blinde Fleck

### 2.1.1   Die psychische Gesundheit verschlechtert sich

Seminare und Coachings werden oftmals dann gebucht, wenn Manager das Gefühl haben, dass es „ordentlich knarzt im Getriebe". Sie selbst nehmen in diesen Situationen Stress wahr, Mitarbeiter melden sich häufig krank oder fallen langfristig aus psychischen Gründen aus. Mit vernünftigen Argumenten lässt sich dieser Stress nicht vermeiden. Schließlich geht es um eine Elefanten-Angelegenheit. Der entstandene Druck zwingt uns zum Handeln. Der Reiter hat nun die Aufgabe, geeignete Maßnahmen zu planen und in die Wege zu leiten um den Elefanten zu entlasten und wieder „in die Spur" zu bringen. Dies wird immer dringender, wie einige Kennzahlen zeigen.

Depression, Burnout und andere psychischen Belastungsstörungen nehmen zu. Diesen Trend belegen mehrere Studien, zum Beispiel der Barmer GEK-Report Infografiken [1, S. 7]. In einer umfangreichen Forschungsarbeit mit dem Titel „Sick on the Job? Myths and Realities about Mental Health and Work" zeigt dies auch die Organisation für wirtschaftliche Zusammenarbeit und Entwicklung OECD [2, S. 200]. Die Studie wertet Daten aus zehn OECD-Ländern aus (darunter Österreich und Schweiz). Sie kommt zum Ergebnis, dass jeder fünfte Arbeitnehmer unter psychischen Beeinträchtigungen leidet.

Die World Health Organization (WHO) hat vielen Internetquellen zufolge Stress zur größten Gesundheitsgefahr des 21. Jahrhunderts erklärt. Das Phänomen Stress zieht sich durch alle Branchen und alle Gesellschaftsschichten. Eine große Prozentzahl der Beschäftigten klagt über zu viel Stress im Job.

Die damalige Bundesministerin für Arbeit und Soziales kommt zum Schluss: „Wir müssen die Techniken erlernen, richtig damit [mit den Belastungen der Arbeitswelt, Anmerkung des Verfassers] umzugehen." Welt kompakt [3].

### 2.1.2   Die Unzufriedenheit wächst

Die Vermeidungsreaktion des Elefanten (weg vom Stress) bringt den Reiter unter Druck. Der Reiter artikuliert diesen Druck durch Kritik an den Arbeitsbedingungen.

Nach der DGB-Studie „Gute Arbeit" sind nur 12 % der Beschäftigten mit ihrer Tätigkeit zufrieden, jeder Dritte bezeichnete seine Arbeitsbedingungen gar als mangelhaft. Die meisten Beschäftigten beklagen einen Mangel an Einfluss-, Qualifizierungs- und Entwicklungsmöglichkeiten DGB-Index ‚Gute Arbeit' [4].

Der Engagement-Index des Gallup Institutes, der jährlich zur Motivation am Arbeitsplatz erhoben wird, weist für 2008 beunruhigende Zahlen auf: „Fast ein Viertel (24 %) der Beschäftigten in Deutschland hat innerlich bereits gekündigt. 61 % machen Dienst nach Vorschrift. Nur 15 % der Mitarbeiter haben eine hohe emotionale Bindung an ihren Arbeitgeber und sind bereit, sich freiwillig für dessen Ziele einzusetzen. Nur ein Prozent der Mitarbeiter engagieren sich überdurchschnittlich, zwei Drittel verrichten Dienst nach Vorschrift und jeder Fünfte hat bereits innerlich gekündigt" Gallup Engagement Index [5].

Wie zufrieden man in einem Unternehmen werden kann, wirkt sich unter anderem auf die Rekrutierung und Bindung von *Fach- und Führungskräften* aus: „Die Führungskräfte von morgen wollen überwiegend bei angesehenen Unternehmen arbeiten. Für Firmen mit schlechtem Ruf wird es schwieriger und kostspieliger, die besten Köpfe anzuwerben und zu halten", so das Resümee der Studie „Corporate Reputation Watch" Hill & Knowlton [6]. Ein Mittel der Steigerung von Produktivität und Unternehmensbindung ist also die Steigerung von Mitarbeiterzufriedenheit.

### 2.1.3   Psychische Krankheit und Unzufriedenheit kosten viel Geld

Beim Thema „Geld" treffen sich Reiter und Elefant. Geld als Rechengröße für Bilanzierung und Unternehmensziele ist Reiter-Angelegenheit. Eine zu starke Belastung des Elefanten macht sich auch rechnerisch bemerkbar. Arbeitsausfälle und Produktivitätsabfall gefährden die Unternehmenszahlen. Hier ein paar Studienergebnisse dazu.

In der oben angesprochener OECD-Studie von 2011 [2] geben drei Viertel der Betroffenen an, dass zunehmender Druck und psychische Belastungen ihre Produktivität und das Arbeitsklima beinträchtigen. Die Untersuchung kommt zum Schluss, dass es neuer Ansätze bedarf, um Arbeitnehmer zu unterstützen. Durch eine Reduzierung des Drucks könnte also die Produktivität gesteigert werden.

Laut WHO sind 50 bis 60 % der Arbeitsausfälle auf stressbedingte Krankheiten zurückzuführen. Dadurch entstehen zum Teil erhebliche Kosten.

Psychische Erkrankungen sind für zwölf bis 15 % der von den Krankenkassen registrierten Arbeitsunfähigkeitszeiten verantwortlich. Etwa 31 % aller Fehltage gehen nach der BKK-Studie auf das Konto zu großer beruflicher und psychischer Belastung heise. de [7]. 2011 wurden bundesweit 59,2 Mio. Arbeitsunfähigkeitstage aufgrund psychischer Erkrankungen registriert. Das ist ein Anstieg um mehr als 80 % in den letzten 15 Jahren. Die Krankentage führen zu einem Ausfall an Bruttowertschöpfung von 10,3 Mrd. € und Produktionsausfallkosten in Höhe von 5,9 Mrd. € Lohmann-Haislah [8].

„Die Behandlungskosten für psychische Erkrankungen am Arbeitsplatz werden nach den Worten von der Leyen [2011 Bundesministerin für Arbeit und Soziales, Anmerkung des Verfassers] auf 27 Mrd. € jährlich geschätzt. Die Krankheitstage durch psychische Erkrankungen hätten sich in den letzten 15 Jahren fast verdoppelt." Welt kompakt [9]. Die Kosten durch Behandlung psychischer Krankheiten steigen immer weiter. 2002 lagen sie laut Bundesanstalt für Arbeitsschutz und Arbeitsmedizin bei etwa 23 Mrd.

Die Kosten psychischer Belastung nehmen bereits gesamtgesellschaftliche Ausmaße an. Laut Prof. Jean-Pierre Brun [10] verursachen Stress und Psychische Erkrankungen in den USA und Europa Kosten in Höhe von 0,3 bis 2,6 % des jeweiligen Bruttoinlandsproduktes.

Die Bundesanstalt für Arbeitsschutz und Arbeitsmedizin [8] gibt an, dass 41 % aller Neuzugänge zur Rente wegen verminderter Erwerbsfähigkeit auf psychische Störungen zurückzuführen sind. Psychische Belastungen sind damit inzwischen Ursache Nummer eins für Frühverrentungen. Das Durchschnittsalter lag bei 48,3 Jahren. Die Kosten dafür liegen im Jahr im zweistelligen Milliardenbereich.

Neben erhöhtem Druck und Arbeitsausfällen kann in Extremfällen auch direkt das Leben bedroht sein. Gemäß einer Untersuchung des Bundesverbands der Betriebskrankenkassen ist das Leben der Arbeitnehmer gefährdet, wenn der permanente Stress zu hoch wird. Nach Angaben der Nachrichtenagentur Pressetext [11] haben sich in mehreren großen Unternehmen einige Mitarbeiter das Leben genommen, weil sie unter zu starkem beruflichen Stress litten.

### 2.1.4 Psychosoziale Erkrankungen müssten bilanziert werden

Es wird schon lange angemahnt, die Kosten der Umweltverschmutzung mit einzubeziehen. Dies sollte auch für psychosoziale Schäden gelten. „In den USA verpflichteten gesetzliche Rahmenbedingungen die Arbeitgeber, die durch Stress am Arbeitsplatz entstandenen Kosten einzubeziehen" Heise.de [12].

## 2.2 Zunehmende Komplexität, Dynamik und Schnelligkeit

Woher kommt dieser Druck, den der Elefant empfindet? Ein Grund hierfür ist der Verlust zentraler Werteinstanzen wie Kirche, Familie oder Ikonen. Gleichzeitig wird die Welt immer komplexer und dynamischer durch Wissensexplosion, neue Medien und Globalisierung. Auch in der Wissenschaft findet sich dieser Trend.

Das wird zum Problem. Verfall von Werteinstanzen und erhöhte Komplexität destabilisiert den Elefanten, der unter anderem das Sammelbecken unserer Werteorientierung ist. Ist es Ihnen schon einmal passiert, dass Ihr Weltbild oder ein zentraler Wert plötzlich erschüttert wurde? Eine Institution, der Sie vertraut haben, kam plötzlich in Misskredit. In Ihre Wohnung wurde eingebrochen. Ein guter Freund oder Partner hat Sie betrogen. In solchen Fällen erfahren Sie, dass das prägende Ereignis für kurze oder längere Zeit auf viele andere Dinge ausstrahlt – auch auf den Beruf. Von einem Geschäftspartner überraschend betrogen zu werden, kann auch für andere geschäftlichen wie privaten Beziehungen Zweifel bedeuten. Daher ist es für unsere psychische Gesundheit wichtig, Vertrauensinseln zu haben – äußere und innere. Die Destabilisierung der Vertrauensinseln und die Konfusion durch immer mehr Komplexität drücken sich häufig durch psychosoziale Probleme aus. Im Folgenden einige Belege für die Komplexität und geringer werdende Stabilität unserer psychosozialen Welt.

## 2.2.1  Verlust zentraler Werteinstanzen

Die großen, verlässlich erscheinenden Säulen westeuropäischer Gesellschaften bröckeln schon seit langem. Diesen Prozess – von festen Institutionen zu immer mehr Dynamik und Komplexität – bezeichnet die Soziologie als Atomisierung der Gesellschaft.

**Religion**
Die Katholische Kirche ist von einer Werteinstanz, an der man sich orientieren konnte, zum Skandalfall geworden. Selbst Papst Franziskus beschrieb im Januar 2014 bei der Morgenmesse in seiner Residenz die verschiedenen unglücklichen Fälle der jüngeren Vergangenheit als „Schande für die Kirche". Eines der schwierigsten Themen ist dabei der Kindesmissbrauch in kirchlichen Einrichtungen, der unzureichend aufgeklärt wird. Die Kirche tut sich auch schon lange mit einem anderen Thema schwer: den Finanzen. Die Vatikanbank machte von 2011–2012 wieder von sich reden, mit Gerüchten über Korruption bis hin zur Unterstellung krimineller Handlungen.

Aber auch finanzielle Veruntreuungen und Verschwendung wiegen schwer. Ein prominentes Beispiel ist Franz-Peter Tebartz van Elst. Als Bischof von Limburg begann er 2008 mit dem Neubau des Bischofshauses gegenüber dem Limburger Dom. Die ursprünglich veranschlagten 7 Mio. € wurden zunächst auf 1,65 Mio. reduziert, um im Herbst 2013 über 30 Mio. € zu erreichen.

Die Mitgliederzahlen der katholischen wie auch der evangelischen Kirche gehen in Deutschland in der Tendenz immer weiter zurück. Die Kirche bietet immer weniger Halt.

**Prominenz**
Eine weitere bröckelnde Säule ist das Vorbild der Prominenten. Ihr Status verändert sich von Ikonen immer mehr zu fehlbaren menschlichen Wesen oder gar zu tragischen Figuren. Denken Sie an früher, an eine Grace Kelly oder Audrey Hepburn. In den 50er Jahren waren Stars wirkliche Stars. Es war wesentlich leichter, mögliche Skandale zu decken oder die Privatsphäre zu schützen. Heutige Prominente können jederzeit beobachtet werden. Smartphones, Aufnahmen durch Drohnen oder Minikameras, die in Brillengestelle eingebaut sind, werden dies immer weiter verstärken. Es gibt nur noch wenige geschützte Räume. Selbst vor der eigenen Familie ist man als Prominenter nicht sicher. Ein eindrucksvolles Beispiel ist die Videoaufnahme, die David Hasselhoff oben ohne und völlig betrunken auf dem Boden liegend zeigt. Er isst einen Hamburger und unterhält sich mit seiner Tochter. Sie versucht ihn davon zu überzeugen, keinen Alkohol mehr zu trinken. Eine Szene, die sich vielleicht nie wieder aus dem digitalen Gedächtnis des Internet entfernen lässt. Das Bild von David Hasselhoff ist auch dadurch geprägt.

Es scheint zurzeit Mode zu sein, Prominente mit all ihren Schwächen zu zeigen. Die Biografie über Steve Jobs erschien kurz nach seinem Tod im Oktober 2011 [13]. Sie zeigt schonungslos einen Mann mit all seinen unangenehmen Seiten. Die Prominenten selbst spielen dieses Spiel teilweise mit. Obwohl die Biografie ein unvorteilhaftes Bild des Apple Gründers zeichnet, ist sie von Steve Jobs selbst autorisiert worden. Als unbedarfter

Leser stellt sich ein Gedanke ein: Wenn das die autorisierte Fassung ist, was wurde dann bereits gestrichen und schöngefärbt? Wie verschroben mag der geniale Unternehmer wirklich gewesen sein?

(Nord-)Europa hat sich tendenziell entfernt von Idealisierung und Verherrlichung einzelner Personen. Realitätsnähe hat positive wie negative Folgen. Eine negative ist, dass Prominente nur noch selten als Vorbild dienen können.

**Politik**
Das Gleiche gilt für die Politik beziehungsweise für Politiker und Politikerinnen. Auch sie können nur noch selten als Vorbilder bezeichnet werden.

**Familie**
Familienzusammenhalt ist kein Muss mehr. Familien werden ebenfalls komplexer und dynamischer, wie die „Patchwork-Familie", die aus mehreren Ehen oder Partnerschaften besteht und vielleicht aus entsprechend vielen Halbbrüdern und Halbschwestern.

Komplexer und dynamischer werden last but not least die persönlichen *Lebensläufe*. Jahrzehntelange Betriebszugehörigkeit ist immer seltener zu finden im Zeitalter von Weiterbildung, Umschulung, Betriebsumstrukturierung und Karrierewechsel.

Institutionen und zentrale Werte können die Bevölkerung in vielen Fällen nicht mehr leiten. Sie können keine Sicherheit mehr vermitteln. Da ein menschliches Grundbedürfnis jedoch „Sicherheit" ist, zwingt dies zur Neuorientierung. Das erzeugt zunächst einmal Stress.

**Unternehmen**
Vertrauensverlust in wirtschaftliche Systeme kann zum Problem werden. Die Position der Verbraucher hat sich gewandelt von reinen Abnehmern zu Mitgestaltern. Durch soziale Medien wächst der Druck von Seiten der Konsumenten auf die Außendarstellung von Unternehmen. Die Transparenz von Produkt- und Dienstleistungsqualität wird durch Internet-Rating-Systeme immer größer. Ein Verlust von Vertrauen kann sich sehr unangenehm auf die Absatzzahlen auswirken.

## 2.2.2  Wissensexplosion

Solla Price ist der Begründer der Scientometrie. Hier misst nicht die Wissenschaft etwas, sondern die Wissenschaft selbst wird gemessen. In den 70er Jahren spricht er von einer Verdopplung des Wissens alle 15 Jahre. Klaus Haefner, Universitätsprofessor für Informatik, geht in den 80ern bereits von einer Wissensverdopplung alle drei bis fünf Jahre aus.[1]

---

[1] Dabei ist eher fraglich, ob es sich um eine Verdopplung tatsächlichen Wissens handelt. Quantität, z. B. die Anzahl von Publikationen, lässt sich ungleich leichter feststellen, als die Qualität. Wie viel tatsächliches Wissen kommt hinzu, wenn sich die Zahl der Publikationen verdoppelt?

Aber auch wenn der Wissenszuwachs langsamer steigt, erhöht das die Komplexität und Dynamik. Wissen scheint eine Art von Sprache zu sein. Wenn Sie mit einem Fachbereich wie z. B. Wirtschaftspsychologie beginnen, dann suchen Sie vielleicht zunächst eine Zusammenfassung der wichtigsten Erkenntnisse – wie Sie in einem Reiseführer die wichtigsten Sätze einer Sprache lernen, um besser zurechtzukommen. Sobald Sie sich mit einer Sprache beschäftigen, eröffnet sich ein weiter Raum von Lernmöglichkeiten. Sie lernen neue Vokabeln und eine spezielle Grammatik. Irgendwann haben Sie vielleicht das Gefühl, ausreichend viel zu wissen. Sie haben einen Grundwortschatz und können Sätze bilden. Und dennoch gäbe es weit mehr zu lernen, in die Tiefen der Sprache einzutauchen, um sich galant und präzise in der neuen Sprache ausdrücken zu können. Der Unterschied zur Sprache ist nur, dass Wissen scheinbar keine Grenzen hat. Immer wieder entfalten sich hier neue Lernfelder.

### 2.2.3   Computer und Internet

„Ich denke, dass es einen Weltmarkt für vielleicht fünf Computer gibt." Diese Aussage soll 1943 ein Profi des Elektromarktes gemacht haben – Thomas Watson, der damals Vorstandsvorsitzender des Software-Herstellers IBM war. Er konnte sich nicht vorstellen, dass die ehemals zimmergroßen Geräte jemals in Privatwohnungen landen könnten. Welch eine Fehleinschätzung. Laut einer repräsentativen Umfrage „Typologie der Wünsche 2013" nutzen 66,2 % aller Deutschen über 14 Jahren einen Computer (gemeint sind alle, egal ob PC, Laptop oder Multimedia-PC). Über 30 % nutzen ein Smartphone (best for planning 2014) [28]. Beide Zahlen werden sich über die demografische Entwicklung immer weiter steigern. Ähnlich ist es mit dem Internetzugang. 77,2 % aller Deutschen ab 14 Jahre nutzten 2013 das Internet. Bei Jugendlichen liegen alle angesprochenen Zahlen wahrscheinlich bei über 90 %.

Die Ansicht, dass Mediennutzung automatisch vereinsamte Nerds[2] produziert, gehört wohl der Vergangenheit an. Digitale Medien werden zusätzlich zu normalen Treffen mit Freunden und Bekannten genutzt, um mit anderen zu kommunizieren. Am Beispiel der Jugendlichen wird die Zukunftsentwicklung klar. Über 90 % der Jugendlichen geben an, mehr Zeit mit Freunden als mit dem Internet zu verbringen BITKOM [14]. Und während sie im Internet sind, tauschen sie sich häufig mit anderen aus – sei es im Chat oder in sozialen Netzwerken.

Sozialkontakte werden also nicht weniger, sondern sogar intensiver. Der moderne Werktätige ist ständig erreichbar. Sehen Sie sich in einer U-Bahn um. Gefühlte 80 % der Fahrgäste beschäftigen sich während der Fahrzeit mit dem Handy – sie telefonieren, chatten, recherchieren.

---

[2] Im Stereotyp: männlich, weiße Haut, die keine Sonne gesehen hat, pickelig, dicke Brillengläser, gekrümmter Rücken, keine Manieren, intelligent, unaufgeräumtes Zimmer, Single.

Auch der berufliche Alltag ist durch Computer und ständige Erreichbarkeit geprägt. Welche Auswirkungen das hat, wird sich erst zeigen. Etwa ein Viertel der Befragten einer DAK-Studie [15] liest auch außerhalb der Arbeitszeit berufsbezogene Emails. 16 % werden einmal oder mehrmals die Woche berufsbezogen angerufen. Eine Mehrzahl der untersuchten Studien kommt zu dem Schluss, dass die ständige Erreichbarkeit zu Konflikten zwischen Arbeit und Freizeit, Burnout und Stress führt.

Auch die Geschwindigkeit der Arbeitsprozesse nimmt ständig zu. Ein Beispiel ist die Marktforschung, in der ich 15 Jahre tätig war. In den 90er Jahren wurden noch hauptsächlich Telefonstudien, Briefbefragungen und persönliche Interviews durchgeführt. Studien hatten in der Regel eine Erhebungsdauer von einigen Wochen. Die Vorbereitung zur Analyse und die Analyse der Daten selbst benötigten weitere Wochen. Internationale Studien konnten Monate dauern. Nach der Jahrtausendwende entwickelte sich innerhalb von wenigen Jahren eine Konkurrenz, die die Marktforschung völlig veränderte. Durch die Nutzung des Internets war es plötzlich möglich, Studien schon innerhalb einer Woche zu erheben. Und das in mehreren Ländern gleichzeitig. Die Daten lagen sofort digital vor, mussten also nicht noch abgeschrieben oder umgewandelt werden. Somit konnte man einfache Auswertungen gleich nach Abschluss der Befragungen liefern. Auch wenn Marktforscher bis heute auf die Repräsentativität der durch das Internet erhobenen Ergebnisse achten müssen, ist dieser Geschwindigkeitsvorteil enorm. Allerdings hat das die Arbeit in der Marktforschung auch nach eigener Anschauung stressiger gemacht. Kunden drängen auf möglichst schnelle Lieferung der Ergebnisse. Warnungen, dass das Auswirkungen auf die Qualität haben könne, werden ignoriert. Die geringere Qualität wird dann noch als Argument für Preisminderung verwendet. Die Preise pro Online-Interview sind die letzten Jahrzehnte überwiegend dramatisch gesunken. Marktforschung wird somit immer mehr zu einer gut geschmierten automatisierten Ergebnismaschinerie. Diesen Trend beobachtet man auch in anderen Dienstleistungsbereichen.

## 2.2.4  Globalisierung

Die Globalisierung zwingt Marktteilnehmer dazu, wesentlich mehr Ursachen und Folgen ihres Handelns zu berücksichtigen.

„Und in China fällt ein Sack Reis um." Dieses Sprichwort sollte einmal bedeuten, dass Ereignisse auf der anderen Seite des Kontinents nichts mit dem direkten Alltag zu tun haben. Das Beispiel Milchpulver lehrt das Gegenteil. Vielleicht erinnern Sie sich noch an den Skandal. 2008 erschütterte uns die Erkrankung von 300.000 Babys in der Milliarden-Republik China. Die Hersteller hatten Melanin in Milchpulver gemischt, um einen höheren Eiweißgehalt vorzutäuschen. Melanin kann zu schweren Nierenerkrankungen führen. Der Skandal führte dazu, dass europäische Produkte in China sehr beliebt wurden. Über verschiedene Wege wurden Milchprodukte wie z. B. Milchpulver für Säuglinge in großen Mengen vom deutschen Markt abgezogen. Die Folge waren leere Regale hierzulande in den Supermärkten. Das globale Dorf wird immer kleiner.

Die Globalisierung hat auch einen deutlichen Einfluss auf das Arbeitsleben. Der Wettbewerb wird immer größer: in der Zulieferindustrie, der Gewinnung hochqualifizierter Arbeitskräfte oder den Materialpreisen. Zusätzlich verändern sich Arbeitsprozesse. Teildienstleistungen (wie die Programmierung von Software oder sogar telefonischer Support) werden ins Ausland verlagert. Virtuelle Teams formieren sich. Multinationale Konzerne erhalten immer mehr Steuerungsmacht.

All das hat positive Auswirkungen, z. B. bei der Erschließung neuer Absatzmärkte. Gleichzeitig erhöht die Globalisierung die Komplexität und Dynamik der täglichen Arbeit und aller weiteren Lebensbereiche – mit negativen Folgen für Gesundheit und Arbeitsleistung.

## 2.2.5 Unvorhersagbarkeit nicht-linearer Systeme

Die steigende Komplexität nennt Prof. Dr. Peter Kruse die „Zunahme der Vernetzungsdichte". Er ist Honorarprofessor für Organisationspsychologie an der Universität Bremen, Unternehmensberater und Entwickler einiger Managementwerkzeuge. Nach seinen Worten werden immer mehr lineare Systeme durch nicht-lineare ersetzt, was den hier dargestellten Ansatz unterstützt. Ähnlich wie beim Homo Ökonomikus (siehe Abschn. 5.2) geht ein lineares System davon aus, dass wir die Regeln kennen. Wenn ich X tue, wird das den Effekt Y haben. Nichtlineare Systeme sind komplex, und deren Regeln sind oft nicht erkenn- oder steuerbar – nach dem Motto: wenn ich ein Loch stopfe, machen sich zwei weitere auf. Die Arbeitsprozesse werden nicht nur immer schwieriger, sie werden auch undurchschaubarer. Eine Folge der Nicht-Linearität ist seiner Meinung nach, dass Prognosen im Allgemeinen nicht mehr möglich sind. In einem Vortrag [29] auf der „Zukunft Personal 2013" nannte Professor Kruse folgende Medien-Aussagen:

- Autos werden teurer (Welt online 01.06.2011)
- Autos werden billiger (auto motor sport 26.07.2011)
- Autos werden teurer (Welt online 12.03. 2012)
- Autos werden billiger (ZEIT online 27.04.2012)

Ein anderes Beispiel für Unsicherheit durch komplexe Systeme entstammt einer Diskussion der drei Finanzexperten Hans Eichel (bis 2005 Bundesminister der Finanzen), Hans-Olaf Henkel (ehemaliger Industriemanager und Wirtschaftspolitiker) und Dirk Müller (Börsenmakler und Buchautor). Markus Lanz fragt in der gleichnamigen Sendung am 29.04.2010, was die Experten zur Geldanlage empfehlen. Henkel gibt den Rat, sich zu verschulden, da die Inflation steigen wird und somit die Rückzahlung immer leichter wird. Dirk Müller glaubt nicht an Inflation, sondern an das genaue Gegenteil. Er rät zum Kauf von Aktien großer Unternehmen. Eichel rät dazu, das Geld konservativ auf der Bank zu lassen. Alle drei sind ausgewiesene Experten, die jedoch sich teilweise widersprechende Tipps abgeben. Die Beobachtung der widersprüchlichen Expertenmeinungen beschreibt auch Nate Silver [16] zum Beispiel bei der damaligen Frage, ob Obama Präsident werde oder wie sicher Wertpapiere seien, die auf die Rückzahlung von Immobilienhypotheken spekulieren. Da sind starke Zweifel an der Aussagekraft von Prognosen mehr als gerechtfertigt. Leider führen falsche Prognosen und Unsicherheit durch Komplexität zu mehr Druck im Arbeitsalltag.

## 2.3  Unmenschliche Wirtschaft

Die Zunahme von Komplexität und Dynamik ist so wenig zu beeinflussen wie ein Sturm oder die Gewalten der Ozeane. Manager und Mitarbeiter können sich jedoch in bestimmten Bereichen schützen und im Übrigen damit umgehen lernen. Wie Sie Ihr „Schiff" sturmfester und komfortabler machen können, erfahren Sie in Kap. 6, in dem es vor allem um „Elefanten-Strategien" zur Stabilisierung geht.

Einen wichtigen Verursacher der psychosozialen Destabilisierung haben wir noch nicht behandelt: die Wirtschaftsunternehmen selbst. Sie tragen zum Teil zur Entmenschlichung der Wirtschaft bei und sägen dabei am eigenen Ast. Die Kritik am westeuropäischen und amerikanischen Wirtschaftssystem kann sehr umfangreich sein. Hier nur einige wenige Beispiele, wie Unternehmen Reiter wie Elefanten verwirren.

### 2.3.1  Erzeugung von Unsicherheit

Arbeitsplatzsicherheit zählt zu den entscheidenden Faktoren für Mitarbeiterzufriedenheit. Einige Branchen wurden durch die wirtschaftlichen Schwierigkeiten seit den 2000er Jahren langanhaltend belastet, wie z. B. die Containerschifffahrt. Das führt zu Unsicherheit bei den Angestellten dieser Branchen. Das ist verständlich und unvermeidbar.

Aber wie sieht es aus, wenn die wirtschaftliche Situation gut ist, das Unternehmen Gewinne macht? In diesen Fällen könnte man die Angst der Mitarbeiter vor Arbeitsplatzverlust vermindern. Dies wird aus rein wirtschaftlichen Gründen jedoch häufig nicht gemacht. Gewinnmaximierung steht vor Menschenorientierung. Laut Stern [17] machte die Deutsche Bank 2004 einen Gewinn von 4,1 Mrd. €. Das war eine Steigerung (nach Steuern) von 87 % zum Vorjahr. Dennoch wurde im Februar 2005 angekündigt, dass 6400 Stellen gestrichen werden. Etliche ähnliche Beispiele werden im Artikel genannt, wie Siemens, Daimler-Chrysler, MAN, Schering, BASF. Alle Unternehmen zeichneten sich damals durch massive Gewinne und gleichzeitigen Stellenabbau aus, was schließlich einen Teil, aber nicht die gesamten Gewinne erklärt. Eine schlechte Wirtschaftslage gefährdet den Erhalt der Belegschaft. Eine gute Unternehmenslage sichert jedoch noch lange keine Arbeitsplätze.

## 2.3.2  Negative Führung

Sind Sie der Meinung, dass Sie gut geführt werden? Haben Sie klare Zielvorgaben? Erhalten Sie Anerkennung von Ihrem Vorgesetzten oder den Aktionären? Werden Ihre Ideen angehört und umgesetzt? Wenn es Ihnen so geht wie dem überwiegenden Teil meiner Klienten, dann ist dem nicht so. Studien zeichnen das gleiche Bild.

Nach einer Studie von Forsa für das Handelsblatt [18] halten sich 95 % der Manager für gute und bei den Mitarbeitern akzeptierte Führungskräfte. 99 % sind der Meinung, dass das Verhältnis zu den Mitarbeitern gut oder sehr gut ist. Zu einem ähnlichen Ergebnis kommt eine Studie, die der Autor mit der Fresenius Hochschule in Hamburg durchgeführt hat (siehe Kap. 4).

Das könnte eine extreme Fehleinschätzung sein. In starkem Widerspruch zur geäußerten positiven Selbsteinschätzung stehen Umfrageergebnisse, die die Sicht der Mitarbeiter zeigen. Nach einer Studie von Toluna (siehe Kap. 4) sind 28 % der Befragten mit dem Chef sehr unzufrieden.

Die Hay Group führte eine Studie [19] mit 95.000 Führungskräften aus über 2200 Unternehmen durch. Demnach schaffen 55 % der Chefs eine demotivierende Arbeitsatmosphäre. In Deutschland sind es 49 %. 15 % schaffen eine neutrale Atmosphäre und 37 % ein leistungsförderndes oder motivierendes Arbeitsklima.

Die Ergebnisse bedeuten natürlich auch, dass ein großer Teil der Befragten mit den Leistungen des jeweiligen Chefs zufrieden sind. Dennoch scheint hier ein riesiges Verbesserungspotential zu schlummern.

Dazu kommen dramatische Erlebnisse mit Vorgesetzten. Der Extremfall ist sicherlich selten, macht jedoch meist Furore. Die ZEIT [20] überspitzt ein verbreitetes Gefühl: „In den Führungsetagen finden sich dreieinhalb mal so viele Psychopathen wie im Durchschnitt der Bevölkerung." Fast bekäme man durch die dort genannten Studien den Eindruck, man müsse sich um junge Menschen mit ADHS, Narzissmus oder Rechtschreibschwäche nicht mehr kümmern, da deren Karriere bis zur Vorstandsebene schon vorprogrammiert sei. Beispiele wie Mark Zuckerberg oder Steve Jobs bestätigen dieses Bild in der Öffentlichkeit – genial auf ihre Art, aber im sozialen Bereich durchaus problembehaftet.

Es ist doch notwendig, „tough" und durchsetzungsstark zu sein, richtig? Schließlich wird das von Führungskräften erwartet. Sie sollen die gesamte Linie im Auge haben, unmissverständliche Anweisungen geben, die Mitarbeiter/innen zu maximaler Leistung motivieren und vielfältige Probleme lösen. Das lässt im Management keine „Demokraten/innen" oder „Weicheier" zu – eine gut nachvollziehbare Seite der Wirtschaftswirklichkeit.

►     Wenn sich dieser Weg der Macht als langfristig leistungsfähig herausgestellt hätte, sollten wir ihn beibehalten oder sogar noch verstärken. Vielfältige Kurse dazu wären denkbar: „Unempathisch in drei Tagen" oder „Die Diamantenstrategie: Druck bis die Kohle glänzt".

Dass das keine so gute Idee ist, liegt weniger an der Sache selbst als an der Dauer des Einsatzes. Sie haben sicher auch schon die Erfahrung gemacht, dass sich bestimmte Situationen nur mit Druck und hohem Kraftaufwand bewältigen ließen. Wahrscheinlich mussten Sie auch schon eine harte Linie fahren und scharf sanktionieren, um ein Problem zu entschärfen. Das kann funktionieren. Wird dieses Instrument jedoch auf Dauer eingesetzt, kommt es zur Überlastung. Unzählige Presseberichte, wissenschaftliche Studien und persönliche Erfahrungen zeigen, was mit Mitarbeitern und Führungskräften geschieht, die unter Dauerbelastung stehen. Hier nur ein Beispiel:

Trotz guter Zahlen musste ein Topmanager mit narzisstischer Störung von seinem Arbeitgeber, einer Großbank, gekündigt werden. Der Personalchef beschreibt die Gründe: „Er feuerte viele Leute, die besten gingen freiwillig, weil sie so nicht mehr weiterarbeiten wollten. Die Bank verlor auf diese Weise viel wertvolles Knowhow. Lange wäre das nicht mehr gut gegangen." [20]

### 2.3.3   Unzureichende Aus- und Weiterbildung für Führungskräfte

In meinen Gesprächen mit Führungskräften wird häufig klar, dass negative Führung nicht allein an den Managern selbst liegt. Auch sie werden ins kalte Wasser geworfen, sind oftmals unvorbereitet und fühlen sich in bestimmten Bereichen nicht ausreichend aus- oder weitergebildet.

Das Wochenmagazin ZEIT [21] stellt folgende Fragen: „Wie kann es sein, dass Menschen, die Gymnasien und Universitäten mit enormem Lerneifer und Arbeitseinsatz durchlaufen haben, nun – oben angekommen – keine ethischen Handlungsmaßstäbe haben?"

Sicherlich gibt es ausgezeichnete Ausbildungen für Führungskräfte, vor allem in jüngster Zeit. Immer stärker wird der Einbezug sozialer Kompetenzen in das Portfolio von Instrumenten, in denen angehende Führungskräfte geschult werden. Auch Weiterbildungsmaßnahmen zu diesem Thema gibt es reichlich. Umso erstaunlicher erscheint die Aussage von Medien, Experten oder Betroffenen, dass Führungskräfte dennoch nicht ausreichend in sozialer Kompetenz ausgebildet wurden – oder noch schlimmer, zwar ausgebildet wurden, die Fähigkeiten aber nicht entwickelt haben.

Es stellt sich zudem die Frage, inwieweit sich Führungskräfte, die mehr als zehn Jahre im Beruf sind, überhaupt einem Veränderungsprozess stellen möchten oder einen Sinn darin sehen. Hier die Stimme eines Managers für den Online-Vertrieb eines großen Verlages: „Die einzelnen Vorgesetzten, die so etwas eigentlich machen könnten, sind oftmals zu beschäftigt, als dass sie eine sinnvolle längere Supervision machen könnten. Da braucht man jemand Externes und ist schnell wieder dabei, zusätzliche Kosten zu produzieren. Für das Unternehmen stellt sich die Frage, ob es Sinn darin sieht, den Mehrwert und anschließend einen finanziellen Erfolg. Da gibt es große Unterschiede."

Wenn man die psycho-sozialen Fähigkeiten der Führungsetage verbessern möchte, muss genau diese Zielgruppe vom Sinn einer Veränderung überzeugt sein. Reiter-Argumente dafür gibt es reichlich (siehe Kosten in Abschn. 2.1 und Nutzen in Kap. 3). Aber den

Elefanten davon zu überzeugen, dass der bisherige Weg nicht mehr der richtige ist, ist eine Herausforderung, die der Reiter allein nicht stemmen kann. Führungskräfte, die etwas ändern möchten, haben oftmals entweder schmerzhafte Erfahrungen gemacht (Herzinfarkt, Burnout, Abwanderung einer Abteilung zur Konkurrenz) oder lassen sich durch positive Erfahrungen motivieren. Wie Sie positiv motivieren, sehen Sie in Kap. 6.

## 2.3.4 Überzogene Anreizsysteme

Die Diskussion um die Höhe von Managergehältern ist nicht neu. Schon 1984 schreibt der damalige Ökonomie-Guru Peter Drucker [22]: „A company's CEO should make no more than 20 times the salary of its lowest-paid worker." – zumindest in nicht-kommerziellen Unternehmen.

Welches Spitzengehalt ist gerechtfertigt? Es darf gefragt werden, ob die Leistung von Topmanagern das tausendfache Gehalt eines guten Mitarbeiters rechtfertigt. Leistet er tausend Mal mehr? Oder steigert er den Wert eines Unternehmens um das Tausendfache? Auch, wenn er entlassen wird mit einer Abfindung in einer Höhe, wie sie ein normaler Mitarbeiter in seinem ganzen Leben nicht verdienen kann? In einem Extremfall aus der Schweiz vereinbarte Novartis mit dem damalig ausscheidenden Chef Vasella eine Abfindung von 58 Mio. €. Auf massiven Druck der Öffentlichkeit wurde der Vertrag wieder annulliert. Hank McKinnell soll bei seinem Ausscheiden aus dem Pharmaunternehmen Pfizer 2006 über US$200 Mio. erhalten haben. Während seiner Tätigkeit verlor das Unternehmen 40 % seines Aktienwertes. Lee Raymond soll 2005 von Exxon US$351 Mio. erhalten haben. Und sicher gibt es weit höhere Abfindungen, die jedoch nur selten an die Öffentlichkeit dringen.

Die Jugendorganisation der Sozialdemokraten brachte 2013 die „1:12-Initiative" ein. Die Idee: Spitzenverdiener sollten pro Monat nicht mehr verdienen als Geringverdiener im ganzen Jahr. Nach Recherche der ZEIT fand die Initiative breites Echo in der internationalen Presse von der New York Times bis zur South China Morning Post. Im November 2013 wurde in der Schweiz über ein derartiges Referendum abgestimmt, jedoch von 65 % der Wähler abgelehnt – ganz zur Zufriedenheit des Präsidenten des Schweizer Arbeitgeberverbandes.

Ebenfalls im November 2013 veröffentlichte DIE WELT eine repräsentative Umfrage, die durch das renommierte Marktforschungsunternehmen GFK durchgeführt wurde. Demnach sind etwa Dreiviertel der Befragten für eine Begrenzung von Managergehältern [23].

Auch die Politik reagierte darauf. 2013 wurde in den Koalitionsvertrag eine Regelung der Managergehälter (zumindest für aktiengeführte Unternehmen) eingefügt. Dieser Entwurf wurde Anfang 2014 immer noch heiß diskutiert, bis Mitte 2014 ohne verbindliches Ergebnis. Ein Entwurf der EU wird wohl in der zweiten Jahreshälfte 2014 beraten.

Spitzenmanager sollten auch ein Spitzengehalt bekommen. Schließlich möchte man als Unternehmen attraktiv für die besten des Landes oder gar der Welt sein. Aber um die

Wertvorstellungen eines Unternehmens und einer Gesellschaft nicht zu sehr zu irritieren, wäre es angeraten, sich an den oben genannten Vorschlägen zu orientieren.

## 2.4  Der Druck steigt

Wie in den vorherigen Kapiteln deutlich wurde, werden vorgegebene Werteinstitutionen wie z. B. die katholische Kirche oder ehemalige Orientierungen wie Parteimeinungen abgelöst durch komplexere Zusammenhänge. Wir sind immer stärker vernetzt, sogar weltweit. Das Wissen steigt so schnell, dass wir nur einen Bruchteil davon aufnehmen können. Auch die Geschwindigkeit von Prozessen ist angestiegen. Führungskräfte wie Mitarbeiter müssen fast immer erreichbar sein und schnell handeln können. Die Zukunft ist nicht mehr prognostizierbar.

All dies erhöht den Druck auf die Arbeitswelt. Elefant und Reiter sind überfordert. Manager wie Mitarbeiter sind darauf nur unzureichend vorbereitet. Es werden nicht genügend Kompetenzen gelehrt, trainiert und etabliert, um den Elefanten bei all diesen Unsicherheiten zu beruhigen, ihn zu stabilisieren.

Das Flow-Konzept zeigt anschaulich, wie Anforderungen und Fähigkeiten/Kompetenzen zusammenwirken. Für Mitarbeiter und Führung stellen sich nach dem Modell zwei Herausforderungen: Auf der einen Seite steht der hohe Grad an Anforderungen und auf der anderen Seite die begrenzten Ressourcen in Form von eigenen Fähigkeiten.

Das Flow-Diagramm (Abb. 2.1) veranschaulicht die Problematik (mehr zum Flow siehe Abschn. 5.5.4).

Die beschriebenen krisenhaften Zustände der Wirtschaft erhöhen die Anforderungen und die benötigte Flexibilität. Hohe Anforderungen gepaart mit unzureichenden Fähigkeiten erzeugen Unruhe, Sorge und Angst. Um das Problem zu beheben, müssen entweder die Komplexität reduziert oder die Fähigkeiten erhöht werden. Ansätze für beide Herausforderungen werden in Unternehmen bereits umgesetzt. Nach Ansicht von Betroffenen ist dies jedoch noch zu wenig. Die Positive Psychologie liefert zusätzlich Ansätze für beide

**Abb. 2.1**  Flow, nach Csikszentmihalyi [24, S. 31]

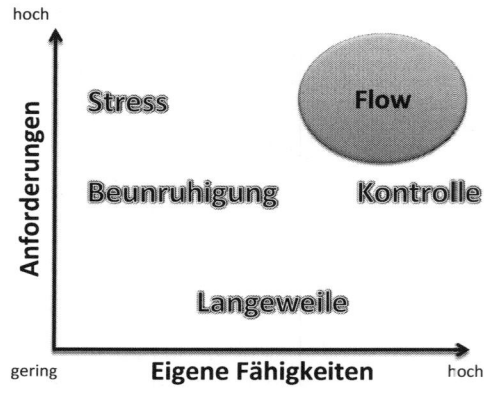

Bereiche. Es können Interventionen eingesetzt werden, die die Ganzheitlichkeit wieder herstellen (und somit die Komplexität verringern) sowie die Fähigkeiten verbessern, mit Belastungen besser umzugehen. Der überforderte Reiter wird durch den Elefanten unterstützt, um in Gegenwart und Zukunft Leistung zu bringen.

Dass der steigende Druck auf Mitarbeiter und die Führung (und damit steigende Ineffizienz der Arbeit) Auswirkungen auf die Unternehmen haben, ist einleuchtend. Die Belege dafür wurden oben aufgeführt. Aber es gibt auch auf der Organisationsebene Handlungsbedarf.

## 2.5   Wirtschaftspolitische Folgen

Die beschriebenen Herausforderungen werden so dringend, dass sich auch die Politik und Gesetzgebung damit auseinandersetzen.

### Psychische Gefährdungsbeurteilung

Körperliche Gefährdungen zum Beispiel durch Lärm, Schadstoffe oder das Heben zu großer Lasten müssen schon lange von Unternehmen verhindert beziehungsweise vermindert werden. Seit dem 25.09.2013 kommen nun psychische Gefährdungen hinzu. Im Arbeitsschutzgesetzt heißt es nun in § 4 zu den Pflichten des Arbeitgebers:

> Die Arbeit ist so zu gestalten, dass eine Gefährdung für das Leben sowie die physische und die psychische Gesundheit möglichst vermieden und die verbleibende Gefährdung möglichst gering gehalten wird

Eine beachtenswerte Änderung ist zusätzlich der Wegfall der Unternehmensgröße. Jetzt müssen auch Kleinbetriebe den gesetzlichen Vorgaben entsprechen.

Es gibt noch keine allgemein anerkannten Standards, wie das konkret umgesetzt werden soll. In § 13 des Arbeitsschutzgesetzes ist jedoch benannt, was beachtet werden soll:

1. Einbindung in vorhandene Strukturen
2. Festlegung gleichartiger Arbeitsplätze und Tätigkeiten
3. Erfassung der Belastung
4. Bewertung der Belastung
5. Maßnahmen und deren Umsetzung
6. Kontrolle der Wirksamkeit der Maßnahmen
7. Dokumentation
8. Beteiligung des Betriebsrats

Der Ansatz des Arbeitsschutzgesetzes ist defizitorientiert – betrachtet also die Vermeidung von Gefahren. Der vorgeschlagene Weg funktioniert interessanterweise jedoch genauso wie die Prävention, die Schwerpunkt dieses Buches ist. Das Kapitel der praktischen Um-

setzung (Kap. 6) können Sie also als Bestandteil zur Umsetzung der Vorgaben des Arbeitsschutzgesetzes verwenden.

### Ablösung des Bruttoinlandsprodukts als Maßstab gesellschaftlicher Entwicklung

Die wirtschaftlichen Krisen des beginnenden 21sten Jahrhunderts zusammen mit den stei-
genden psychosozialen Problemen bewegte mehrere Regierungen dazu, sich mit Alternativen zur rein materiellen Wohlstandsbetrachtung auseinanderzusetzen.

Die französische Regierung setzte 2008 eine Kommission ein, die Wohlstandsfaktoren
überprüfen sollte. Nach den Leitern wurde sie Stiglitz-Sen-Fitoussi-Kommission genannt
(kurz Stiglitz-Kommission). Darunter waren internationale Experten, auch Nobelpreisträ-
ger. 2009 veröffentlichte die Stiglitz-Kommission ihren Bericht. Sie kam unter anderem
zum Ergebnis, dass wirtschaftliche Kennzahlen wie Brutto-Inlandsprodukt oder Arbeits-
losenquote zwar elementar seien, aber für die Beurteilung von Lebensqualität noch nicht
ausreichten. Subjektive Faktoren müssten demnach ebenfalls berücksichtigt werden [25].

2010 folgte England mit einem ähnlichen Projekt. Der damalige Premierminister setzte
ebenfalls eine Kommission mit dem Ziel ein, einen Happiness-Index zu entwickeln, der
über rein monetäre Indikatoren wie das Brutto-Inlandprodukt hinausgeht [26].

Ende 2010 zog auch die deutsche Bundesregierung nach mit der Einsetzung der Enquete
Kommission für Wachstum, Wohlstand und Lebensqualität. Sie hatte die Aufgabe, Wohl-
standsindikatoren zu prüfen und Handlungsempfehlungen für Politik und Rechtswesen zu
entwickeln. Im Abschlussbericht von 2013 heißt es: „Ausgehend von der Erkenntnis, dass
Wohlstand mehr ist als ‚Materieller Wohlstand‘ empfiehlt die Enquete-Kommission dem
Deutschen Bundestag, ein neues Wohlstands- und Fortschrittsmaß zu etablieren: die $W^3$
Indikatoren." [27] Die $W^3$ Indikatoren meinen hier neben „materiellem Wohlstand" Maße
für „Soziales/Teilhabe" und „Ökologie". Jeder dieser Bereiche ist von der Kommission
wiederum in konkretere Unterpunkte unterteilt, die jeweils messbar sind.

Alle genannten Kommissionen weisen darauf hin, dass wir objektive wie subjektive
Faktoren berücksichtigen sollten. In den Worten dieses Buches: Der Elefant muss Einzug
halten in wirtschaftliches und gesellschaftliches Denken.

---

### Fazit

Die Lösung der aufgezeigten Probleme ist sowohl dringend als auch wichtig. Die steigende psychische Dauerbelastung, dadurch entstehende Kosten und Schwierigkeiten
erhöhen den Bedarf an pragmatischen Lösungen.

▶ Wir brauchen ein Umdenken, eine neue Wirtschaftskultur, die „positive Evolution der Wirtschaft" heißen könnte.
Psychische Gesundheit und ein gutes Miteinander sind nicht mehr nur
humanistische, sondern auch wirtschaftliche Themen geworden.

Das bedeutet, dass der Mensch stärker als wertvolle Ressource zu sehen ist. Wie wertvoll, das beschreibt Ihnen Kap. 3. Ihr Unternehmen kann sich dazu entscheiden, die Erfüllung positiver menschlicher Grundbedürfnisse als eines seiner Ziele zu definieren und dafür Zeit, Geld und Energie zu investieren. Welchen Weg man dazu beschreiten kann, zeigen die folgenden Kapitel.

## Literatur

1. Barmer GEK (2013) Barmer GEK Report Krankenhaus. https://magazin.barmer-gek.de/2013-3/files/barmer-gek-report-krankenhaus-2013-infografiken.pdf. Zugegriffen: 11. Feb. 2015
2. OECD (2011, Dez.) Sick on the job? Myths and realities about mental health and work. http://www.oecd.org/els/emp/sickonthejob2011.htm. Zugegriffen: 11. Feb. 2015
3. Gersemann O, Borstel S, Wisdorff F (2011) Von der Leyen sagt Burn-out den Kampf an. DIE WELT. http://www.welt.de/wirtschaft/article13773959/Von-der-Leyen-sagt-Burn-out-den-Kampf-an.html. Zugegriffen: 11. Feb. 2015
4. DGB (2007) DGB-Index ‚Gute Arbeit'. http://index-gute-arbeit.dgb.de/veroeffentlichungen/jahresreports/++co++b8b251aa-168d-11e4-85b7-52540023ef1a. Zugegriffen: 11. Feb. 2015
5. Gallup (2012) Gallup Engagement Index. Pressemitteilung. http://www.gallup.com/file/services/176549/Pressemitteilung%20zum%20Engagement%20Index%202012_final.pdf. Zugegriffen: 11. Feb. 2015
6. Hill & Knowlton (Hrsg) (2008) Reputation & the war for talent. Corporate Reputation Watch
7. heise.de (2008, 21. Juni) Stress kann tödlich sein. http://www.heise.de/newsticker/meldung/Stress-kann-toedlich-sein-215584.html. Zugegriffen: 11. Feb. 2015
8. Lohmann-Haislah A (2012) Stressreport Deutschland 2012. Psychische Anforderungen, Ressourcen und Befinden. Bundesanstalt für Arbeitsschutz und Arbeitsmedizin. Bundesanstalt für Arbeitsschutz und Arbeitsmedizin, Dortmund
9. Borstel S (2011) Burn-out als Chefsache. DIE WELT kompakt 19.12.2011. http://www.welt.de/print/welt_kompakt/print_wirtschaft/article13774163/Burn-out-als-Chefsache.html. Zugegriffen: 11. Feb. 2015
10. Brun J-P (Datum unbekannt) Präsentation „Work-related stress: scientific evidence-base of risk factors, prevention and costs". Universität Laval, Kanada. http://www.who.int/occupational_health/topics/brunpres0307.pdf?ua=1. Zugegriffen: 26. März 2015
11. pressetext (2008, 21. Juni.) Stressfalle Arbeitsplatz erhöht Suizidrisiko „Leugnung durch die Unternehmen häufig gängige Praxis". http://www.pressetext.com/news/20080621001. Zugegriffen: 26. März 2015
12. Heise.de (2008, 21. Juni.) Newsticker. Stress kann tödlich sein. http://heise.de/-215584. Zugegriffen: 11. Feb. 2015
13. Isaacson W (2011) Steve Jobs: Die autorisierte Biografie des Apple-Gründers. Bertelsmann Verlag, München
14. BITKOM Bundesverband Informationswirtschaft, Telekommunikation und neue Medien e. V (2011) Jugend 2.0. Eine repräsentative Untersuchung zum Internetverhalten von 10- bis 18-Jährigen. http://www.bitkom.org/files/documents/BITKOM_Studie_Jugend_2.0.pdf. Zugegriffen: 11. Feb. 2015
15. DAK-Gesundheitsreport für Hessen (2013) Der Krankenstand der DAK-Mitglieder im Jahr 2012. http://www.dak.de/dak/download/Praesentation_Gesundheitsreport_Hessen_2013-1316678.pdf. Zugegriffen: 11. Feb. 2015

16. Silver N (2013) Die Berechnung der Zukunft – Warum die meisten Prognosen falsch sind und manche trotzdem zutreffen. Wilhelm Heyne Verlag, München
17. Peters R-H, Wintzenburg JB (2005) Kapitalismus brutal. Stern, Ausgabe 8/2005
18. Handelsblatt (2014) Ausgabe vom 31.01.2014, S 1
19. Hay Group (2013) Fast jeder zweite Chef in Deutschland demotiviert seine Mitarbeiter. http://www.haygroup.com/de/press/details.aspx?id=37320. Meldung von 27. Mai 2013. Zugegriffen: 13. Feb. 2015
20. Bund K, Rohwetter M (2013) Wahnsinns-Typen. DIE ZEIT 14.08.2013, S 19–21
21. Laux J (2014) Ist Ethik käuflich?. DIE ZEIT 09.01.2014
22. Drucker P (1984) The temptation to do good. William Heinemann Ltd., London
23. t-online.de (2013) Schweizer gegen Begrenzung von Managergehältern – Deutsche dafür. http://www.t-online.de/wirtschaft/jobs/loehne-gehaelter/id_66667906/managergehaelter-schweizer-gegen-begrenzung-deutsche-dafuer.html. Zugegriffen: 13. Feb. 2015
24. Csikszentmihalyi M (1997) Finding flow. Basic Books, New York
25. Stiglitz E, Sen A, Fittousi J-P (2009) Report by the commission on the measurement of economic performance and social progress. http://www.stiglitz-sen-fitoussi.fr/documents/rapport_anglais.pdf. Zugegriffen: 30. April 2015
26. Cameron D (2010) PM speech on wellbeing. https://www.gov.uk/government/speeches/pm-speech-on-wellbeing. Zugegriffen: 30. April 2015
27. Bundeszentrale für politische Bildung (2013) Schlussbericht der Enquete-Kommission „Wachstum, Wohlstand, Lebensqualität – Wege zu nachhaltigem Wirtschaften und gesellschaftlichem Fortschritt in der Sozialen Marktwirtsch+aft". Bonn
28. best for planning (2014) über Zielgruppenfinder PZ online. http://vdzsynopse.comsulting.net/cgi-bin/synopse.pl. Zugegriffen: 11. Feb. 2015
29. Kruse P (2014, 05. Nov.) Führung und Arbeit im Wandel. Vortrag im Rahmen der New Work Night, in Kooperation der „Initiative Neue Qualität der Arbeit" (INQA) des Bundesministeriums für Arbeit und Soziales und dem sozialen Netzwerk XING. https://www.youtube.com/watch?v=dst1kDHJqAc. Zugegriffen: 20. April 2015

# Eine Lösung: Positive Evolution Ihres Unternehmens

**3**

**Zusammenfassung**

Wenn Sie die Probleme, die das vorherige Kapitel beschreibt, selbst erlebt haben, ist dies eine starke Motivation, etwas zu ändern. Ihr Elefant wie auch Ihr Reiter wollen in die gleiche Richtung. Aber wie kann das geschehen? An welchen Modellen kann man sich orientieren, um den Elefanten zu stabilisieren, die psychosoziale Gesundheit und Leistungsfähigkeit zu stärken? Wir brauchen einen erfolgreichen Wegweiser für den Wandel. Hier helfen die Wissenschaften der (Sozial-)Psychologie und Medizin weiter.

Verschiedene Forschungsergebnisse zeigen: Zufriedenheit steigert die Gesundheit (Abschn. 3.1) und die Leistung (Abschn. 3.2). Mit der Steigerung der Zufriedenheit stärken Sie den Umsatz und die Stabilität eines Unternehmens (Abschn. 3.3). Teams werden leistungsfähiger (Abschn. 3.4). Die Verbesserung der sozioemotionalen Fähigkeiten von Mitarbeitern und Führungskräften erhöht damit den Geschäftserfolg (Abschn. 3.5). Erfolg macht zufrieden, gesteigerte Zufriedenheit führt wiederum zu mehr Gesundheit und Erfolg (Abschn. 3.6).

Dieses Kapitel sichert Ihre Entscheidung ab, Ressourcen in positive Interventionen zu tätigen. Ihr Reiter erhält gute Argumente, warum es sich lohnt, „positiver" zu sein,

Unternehmen müssen in erster Linie wirtschaftlich arbeiten, um zu überleben. Das heißt aber noch lange nicht, dass wir den Faktor Mensch ausklammern können. Wir haben bereits gesehen, dass durch hohe Dauerbelastungen wirtschaftlicher *Schaden in Milliardenhöhe* entsteht (siehe Abschn. 2.1.3). Es ist bereits ein ökonomischer Nutzen, diesen Schaden zu *reduzieren*. Die eingesparten Beträge ließen sich sinnvoll in den Ressourcenaufbau in verschiedenen Bereichen investieren. Aber lohnen sich Investitionen in die psychosozialen Fähigkeiten der Unternehmensmitglieder? Bei der Nutzenabwägung helfen uns Studien, die v. a. seit den 80er Jahren immer häufiger durchgeführt werden. Einige davon sehen Sie in den folgenden Kapiteln.

Der in diesem Buch vorgestellte Ansatz basiert vor allem auf den Erkenntnissen der Positiven Psychologie (siehe Abschn. 5.5). Diese Forschungsrichtung beantwortet unter anderen folgende Fragen:

© Springer Fachmedien Wiesbaden 2016
D. Dallwitz-Wegner, *Unternehmen positiv gestalten,* DOI 10.1007/978-3-658-05040-5_3

- Was macht Menschen widerstandsfähig gegen Krisen?
- Welche Stärken können identifiziert und gemessen werden? Sind diese förderbar?
- Was motiviert uns zu arbeiten?
- Welche Beziehung besteht zwischen Stärken und wirtschaftlichem Erfolg?
- Was stärkt die Leistung von Teams?
- Wie muss aus dieser Sicht gute Führung aussehen?

Wenn es darum geht, handfeste Reiter-Argumente für ein positives Wirtschaften und eine menschlichere Wirtschaft, lassen sich aus der Forschung verschiedene Aspekte ableiten.

Der erste Aspekt ist der *Leistungserhalt* durch:

- Bindung an Unternehmen
- Ressourcen aufbauen
- Bessere Gesundheit
- Stabilere Teams

Der zweite Aspekt ist die *Leistungssteigerung* durch:

- Verringerung negativer Emotionen und damit Belastung
- Leichteres Lernen
- Mehr Leistungsbereitschaft und Motivation
- Höhere Innovationskraft
- Effektivere Teams
- Effektivere Führung

Den dritten Aspekt bildet die *Imagearbeit*:

- Höhere Attraktivität für Personalgewinnung und Bindung

Und schließlich die *gesellschaftspolitischen Erwägungen* (siehe Abschn. 2.5)

Hier nun einige Forschungsergebnisse, die den positiven Effekt von Zufriedenheit auf Gesundheit, Leistung, Erfolg und Teamarbeit zeigen.

## 3.1   Zufriedenheit und Gesundheit

Wenn nachgewiesen werden kann, dass Zufriedenheit und positive Emotionen im Zusammenhang mit einer besseren Gesundheit stehen, ist das für die Wirtschaft hinsichtlich Krankenstand und Leistungsfähigkeit interessant.

Es entspricht schon dem gesunden Menschenverstand, anzunehmen, dass es einen Zusammenhang zwischen positiven Emotionen und Gesundheit gibt. Krankheit gibt viel Anlass zur Klage. Abwesenheit von Krankheit sollte hier also weniger Klage erbringen. Gesundheit ist jedoch nicht nur durch die Abwesenheit von Krankheit definiert. Es gibt zwar keine eindeutige Definition von Gesundheit, aber einige etablierte Ansätze. Hier ein Beispiel:

> Health is a state of complete physical, mental and social well-being and not merely the absence of disease or infirmity. [1][1]

Der Zusammenhang zwischen Gesundheit und positiven Emotionen ist weitflächig nachgewiesen.

Hilary Tindle ist Dozentin an der medizinischen Fakultät der Universität Pittsburgh. In ihrem Buch [2] beschreibt sie eine Studie mit 100.000 Frauen, die zeigt, dass Optimisten seltener einen Herzanfall erleiden als Pessimisten. Dieser Zusammenhang wurde auch schon für Männer nachgewiesen. Weniger Herzanfall, weniger Ausfall am Arbeitsplatz. Zudem erholen sich Optimisten schneller von Erkrankungen, was wiederum ökonomischen Nutzen hat.

Danner, Snowdon und Friesen an der Universität Kentucky beschreiben im Journal of Personality and Social Psychology [3] eine berühmt gewordene Studie über Nonnen, die zeigt, dass Optimisten auch länger leben. Ähnliche Ergebnisse berichtet Seligman [4]. Weitere Ergebnisse finden sich zum Beispiel zu verringertem Depressionsrisiko und damit verbundene Schäden oder stärkerem Immunsystem von Optimisten.

In Abschn. 2.1 haben Sie erfahren, welche psychosozialen Kosten durch die Unsicherheit und Druck in der Arbeitswelt entstehen. Diese lassen sich durch Positive Interventionen verringern.

## 3.2   Zufriedenheit und Leistung

Für die positive Evolution eines Unternehmens geht es allerdings nicht zwangsläufig um das vollständige körperliche, mentale und soziale Wohlbefinden der Mitarbeiter und des Managements. Oftmals geht es um den Erhalt und das Wachstum des Unternehmens – welche Mittel dafür auch immer erforderlich sind. Ein Mittel ist zum Beispiel die Leistungsfähigkeit der Mitarbeiter. Demzufolge ist eine weitere Definition interessant, die vielen Online-Quellen Talcott Parsons zugeschrieben wird:

> Gesundheit ist ein Zustand optimaler Leistungsfähigkeit eines Individuums, für die wirksame Erfüllung der Rollen und Aufgaben für die es sozialisiert (Sozialisation = Einordnungsprozess in die Gesellschaft, Normen- und Werteübernahme) worden ist. (u. a. wikipedia [5])

Angewendet auf das wirtschaftliche Umfeld heißt das: Mehr positive Emotionen → mehr Gesundheit → mehr Leistung

Leistung ließe sich definieren: *Erwünschte Zielerreichung durch Anstrengung x Betriebsmittel pro Zeiteinheit.* Im Produktionsbereich ist das etwas leichter nachzuvollziehen.

---

[1] 1946 unterzeichnet von Repräsentanten aus 61 Staaten und in Kraft gesetzt am 07.04.1948.

Die eingesetzte Arbeitskraft plus die benötigten Betriebsmittel ergibt beispielsweise einen gefrästen Zylinder in einer gewissen Zeit. Bei komplexeren Produkten wie einem Auto wird die Berechnung schon wesentlich aufwändiger. Auch Dienstleistungen lassen sich häufig auf diese Weise schwer berechnen.

Trotz der Herausforderung der Leistungsmessung versuchten viele Studien, den Zusammenhang zwischen Arbeitszufriedenheit und Leistung zu messen. Die Ergebnisse fallen dementsprechend sehr unterschiedlich aus. Insgesamt kann man jedoch von einem eindeutig positiven Zusammenhang sprechen. Ein Forscherteam [6] analysierte 312 Studien mit insgesamt 54.417 Teilnehmern. Sie ermittelten zu einem positiven Zusammenhang zwischen Arbeitszufriedenheit und Leistung. Dieser Zusammenhang entsteht vor allem durch sogenannte Moderatorvariablen. Diese sind nach Angaben der Forscher unter anderen Autonomie, Zielerreichung oder Selbstwirksamkeit – also Variablen, die Sie im unten beschriebenen Einmaleins der positiven Evolution (siehe Abschn. 6.3.1) wiederfinden.

## 3.3   Zufriedenheit und wirtschaftlicher Erfolg

Auch die Messung der Beziehung von Zufriedenheit und dem wirtschaftlichen Erfolg ist nicht ohne Hürden. Das hat mehrere Gründe. Einer davon ist der Charakter solcher Maßnahmen. Sie müssen regelmäßig angewendet werden, um Ihre Wirkung zu entfalten. Die Wirkung ist häufig indirekt – wie z. B. das Ausbleiben von Krisen. Man kann rechnerisch abschätzen, was eine Kündigung und entsprechende Neubesetzung kosten. Aber wie weist man nach, dass Kündigungen durch bestimmte Maßnahmen verhindert wurden? Messgrößen wie Umsatz sind von vielen weiteren Faktoren wie Marktentwicklung oder betriebsinternen Veränderungen abhängig. Unternehmen sind keine Versuchslabore, in denen alle Störvariablen kontrolliert werden können. Nehmen wir an, wir führten Maßnahmen in einem Unternehmen durch, das Speiseeis produziert. Anschließend schießen die Absatzzahlen in die Höhe – aber auch die sommerlichen Temperaturen. Ob der Auslöser jetzt das Wetter oder die Maßnahmen war, ist nur durch weitere Versuche erkennbar. Zudem sind Soft Skills wie Kommunikationsfähigkeit an sich schlechter messbar, da sie eher subjektiver Natur sind. Messungen sind entsprechend aufwändig.

Und dennoch ist es für einen seriöser Anbieter nützlich, nachweisen zu können, dass die angebotenen Maßnahmen auch ökonomisch wirksam sind. Am besten wäre der Nachweis, dass sich die Maßnahmen rentieren, indem sie einen Return of Investment erzielen. Hierzu gibt es zwar nur wenige, dafür aber sehr interessante Studien.

Eine davon wurde für die Sears Holding Cooperation (damals noch Sears, Roebuck and Co) durchgeführt. In den 80ern war Sears der größte Einzelhändler der USA, geriet dann zunehmend unter Druck durch eine zu breite Produktpalette und stärker werdende Konkurrenzunternehmen wie Walmart oder Best Buy. 1992 war für Sears das schlechteste Jahr der Unternehmensgeschichte mit einem Nettoverlust von US$3,9 Mrd. Mehr als 100 Top-Manager und mehr als 300.000 Mitarbeiter hatten in den 90ern die gewaltige mehrjährige Aufgabe, Sears zurück in ein erfolgreiches Fahrwasser zu bringen. 1998 veröffentlichten

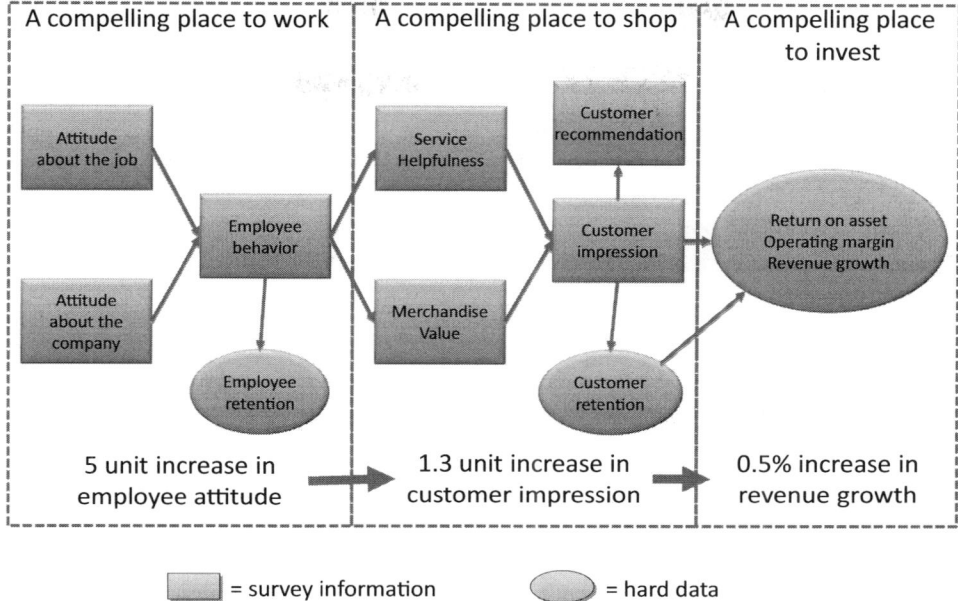

**Abb. 3.1**  Employee-Customer-Profit Chain

Rucci, Kirn und Quinn (allesamt Vizepräsidenten verschiedener Abteilungen bei Sears) einen Artikel im Harvard Business Review [7]. Die Neustrukturierung war laut Artikel nicht einfach „nur" ein Marketing-Neuanstrich, sondern eine Veränderung der gesamten Firmenkultur. Ein zentraler Bestandteil war die Einführung eines Employee-Customer-Profit-Modells und dessen beständiger Messung beziehungsweise Überprüfung. Es wurden Total Performance Indicators (TPI) entwickelt, um die Entwicklung bei Kunden, Mitarbeitern und Investoren transparent zu machen. Durch die beständige Messung konnte nicht nur beobachtet werden, wie die drei Bereiche sich entwickelten, sondern auch, welche Veränderung in welcher Zeit welche Ergebnisse erbrachte.

Eines der Ergebnisse ist in Abb. 3.1 dargestellt. Vereinfacht zeigt die Grafik, dass die Steigerung der Mitarbeiterzufriedenheit mit der Arbeit und dem Unternehmen zu einer erhöhten Kundenzufriedenheit und damit zu mehr Umsatz führte[2]. Eine Steigerung des Ertrags um 0,5 % war für Sears nach eigenen Angaben ein entscheidender Unternehmenserfolg.

Goleman [8] stellte 2005 ein Pilotprojekt zur Steigerung der emotionalen Kompetenz vor. In der Chicagoer Niederlassung von American Express wurde durch Positive Interventionen ein Umsatzzuwachs von 8 bis 20 % erzielt, eine signifikante Steigerung gegenüber der Vergleichsgruppe.

---

[2] Aufgrund der Messmethode geht der Autor davon aus, dass attitude und impression in diesem speziellen Fall mit Zufriedenheit gleichgesetzt werden können.

Eine differenzierte Analyse der Beziehung von Zufriedenheit und wirtschaftlichen Erfolgsfaktoren stellen Heskett et al. [9] vor. In etlichen Beispielen wird gezeigt, wie Mitarbeiterzufriedenheit mit Loyalität, Kundenzufriedenheit, Produktivität und Umsatz zusammenhängt. Studien zahlreicher Unternehmen wie Western European Money Center Bank, Xerox oder MCI Communications ergaben, dass Mitarbeiterzufriedenheit signifikanten Einfluss auf die Kundenzufriedenheit ausübt. Dieses Phänomen wird auch „satisfaction mirror" genannt. Kundenzufriedenheit beeinflusst wiederum den Umsatz, unter anderem durch die stärkere Kundenbindung und damit einen besserem Lifetime-value. Als Resultat sehen Heskett et al. die Messung von Mitarbeiter- und Kundenzufriedenheit als mindestens genauso wichtig an, wie die Messung von Umsatz, ROI oder Profitabilität.

## 3.4   Positive Teams und Leistungserhalt und -steigerung

Die Professorin Fredrickson (2009) [10] berichtet von den Arbeiten Marcial Losadas. Er untersuchte Mitte der 90er Jahre leistungsstarke Businessteams, um herauszufinden, was sie erfolgreich macht. Die Beobachtung fand ähnlich statt, wie es in Gruppendiskussionen der Marktforschung üblich ist. Im Meeting-Raum der Teams befand sich ein Einwegspiegel, hinter dem die Forscher saßen und das Verhalten der Teams in realen Situationen analysierten. Die Äußerungen jeden Teammitglieds wurden daraufhin betrachtet, ob diese positiv oder negativ waren, selbstzentriert oder auf andere fokussiert, fragend oder verteidigend. Somit kann für jedes Team ein Quotient ermittelt werden, indem die Quote von gruppenzentriertem/fragend/positivem Verhalten durch die Quote von selbstzentriertem/verteidigendem/negativem Verhalten dividiert wird.

Die Ergebnisse wurden verglichen mit der Leistungsstärke der Teams (Kriterien wie Rentabilität, Kundenzufriedenheit, Bewertung durch Vorgesetzte, Kollegen und Mitarbeiter). Sie zeigten, dass sich leistungsstarke Teams durch einen Quotienten von 6 zu 1 auszeichneten. Die Teams agierten im Durchschnitt also sechs Mal positiv miteinander, ehe es zu einer negativen Aktion kam. Diese Teams machten mehr Umsatz und erzeugten eine höhere Kundenzufriedenheit. Leistungsschwache Teams zeigten einen Quotienten von 1 zu 1. Fredrickson zog in Kombination mit eigenen Studien den Schluss, dass Maßnahmen zur Förderung von Offenheit und positiver Kommunikation zu stabileren, kreativeren und leistungsfähigeren Teams führen.

## 3.5   Sozio-emotionale Kompetenz und Leistungssteigerung

Ein Bestandteil des PERMA-Ansatzes (Abschn. 5.5.2) sind positive Emotionen. Einige Entscheider alter Schule sind noch der Meinung, Wirtschaft sei Reiter-Business, also stark von rationalen Erwägungen geprägt. Elefantöse Emotionen wären hier doch eher hinderlich. Diese Schule hat z. B. laut Prof. Karlheinz Ruckriegel ausgedient (siehe Abschn. 5.2). Es gibt mittlerweile ausreichend Hinweise, dass Unternehmen positive Emotionen dringend benötigen.

Goleman et al. [8] führte eine Metaanalyse durch, die Kompetenzmodelle für 181 verschiedene berufliche Positionen in 121 Firmen und Organisationen weltweit enthielt, deren Mitarbeiterzahl zusammengenommen in die Millionen geht.

Daraus ergab sich, dass für herausragende berufliche Leistungen 67 % aller erforderlichen Kompetenzen im emotionalen Bereich (Elefant) gesehen werden. Nach Goleman sind emotionale Faktoren demnach doppelt so bedeutsam wie kognitive Faktoren (Reiter). Die gleichen Faktoren lindern die in Kap. 2 beschriebenen Schwierigkeiten.

Ein weiteres gut untersuchtes Beispiel sind die Ergebnisse der Gallup Organization, einem öffentlichkeitswirksamen Meinungs- und Marktforschungsinstitut. Eine Besonderheit des Unternehmens sind die groß angelegten Studien, die teilweise seit mehr als 60 Jahren durchgeführt werden und der Fokus auf Kunden- und Mitarbeiterzufriedenheit. Ein bekanntes Beispiel ist der Engagement Index, dessen Ergebnisse immer wieder für Presseaufmerksamkeit sorgen.

Marcus Buckingham und Curt Coffman berichten in ihrem Buch „Erfolgreiche Führung gegen alle Regeln" (2002, Campus) [12] über die langjährige Forschung von Gallup. Unter anderem kristallisierten sie zwölf Fragen heraus, die nach ihren Worten „unverzichtbar sind, will das Unternehmen erstklassige Mitarbeiter gewinnen, an sich binden und produktiv beschäftigen". Grundlage dieser Aussage ist eine Studie mit 105.000 Mitarbeitern aus 24 Unternehmen und verschiedenen Branchen.

In Tab. 3.1 sehen Sie die zwölf Fragen. Sie beinhalten immer beide Elemente – Elefant und Reiter – auch wenn sie jeweils Schwerpunkte in einem der Bereiche haben. In der Tabelle sehen Sie, welcher Schwerpunkt in den Fragen von Gallup aus dem hier vorgestellten Ansatz von Reiter und Elefant gesehen werden kann (Gallup macht nach Wissen des Autors keine solche Unterscheidung). Demnach ist die Hälfte der Fragen eher Elefanten-Business und die andere Hälfte Reiter-Business. Wieder ein Hinweis darauf, dass wir Reiter und Elefant in die gleiche Richtung laufen lassen müssen.

**Tab. 3.1** Anlehnung an die zwölf Fragen der Gallup Organization nach Schwerpunkten

|  | Elefant | Reiter |
| --- | --- | --- |
| Erwartung an meine Arbeit |  | X |
| Materialien und Arbeitsmittel |  | X |
| Persönliche Entfaltung | X |  |
| Anerkennung für meine Arbeit | X |  |
| Anerkennung als Mensch | X |  |
| Kollegiale Unterstützung |  | X |
| Sich einbringen können | X |  |
| Gefühlte Wichtigkeit meiner Arbeit | X |  |
| Qualitätsstreben |  | X |
| Freundschaft innerhalb der Firma | X |  |
| Feedbackgespräche |  | X |
| Weiterentwicklung |  | X |

Aber was haben diese Fragen konkret mit Geschäftserfolg zu tun? Die Ergebnisse von Gallup belegen, dass jede der zwölf Fragen mit mindestens einem der folgenden Kriterien korreliert: Produktivität, Rentabilität, Mitarbeiterbindung und Kundenzufriedenheit. Besonders stark ist der Effekt bei den ersten sechs Fragen (dreimal Elefant und dreimal Reiter). Wenn Sie es also schaffen, für mindestens eine dieser Fragen mehr Zustimmung in Ihrer Belegschaft zu erhalten, dann ist die Wahrscheinlichkeit hoch, dass Sie auch die Produktivität, Rentabilität, Mitarbeiterbindung oder Kundenzufriedenheit erhöhen. Gleichzeitig verringern Sie höchstwahrscheinlich die Fluktuation in Ihrem Unternehmen. Für die von Buckingham und Coffman untersuchten Unternehmen lässt sich das in barer Münze ausdrücken. Die oberen 25 % der Abteilungen gemäß den Ergebnissen der zwölf Fragen lagen im Durchschnitt 4,56 % über ihren Umsatzzielen in der Gesamthöhe von $104 Mio. Ihr Gewinn lag fast 14 % über ihren Gewinnzielen. Die Fluktuation war entsprechend geringer. Bei Kosten für die Neugewinnung eines Mitarbeiters von etwa dem Eineinhalbfachen des Jahresgehalts eine lohnende Sache.

## 3.6  Was kommt zuerst – Zufriedenheit oder Erfolg?

Lyubomirsky (Professorin an der University of California, Riverside), King (Professorin an der University of Missouri-Columbia) und Diener (Psychologe, Forscher und Autor) führen in einem Artikel [11] akribisch hunderte von Studien auf zum Zusammenhang zwischen positiven Empfindungen und unter anderem Arbeitsleben, Gesundheit, sozialen Beziehungen, Selbstwahrnehmung, Kooperation. Schon allein zur Beziehung von positiven Empfindungen und Arbeitsleben werden über 60 Studien angeführt. Die Ergebnisse sind überwältigend. Häufige positive Empfindungen sind verbunden mit beruflichem Erfolg, starken sozialen Beziehungen und Gesundheit.

Stellt sich immer noch die Frage nach der Kausalität. Vielleicht führen positive Emotionen gar nicht zu mehr Erfolg. Ist es nicht gerade anders herum? Führen Erfolg, Gesundheit und gute soziale Beziehungen zu mehr Zufriedenheit und positiven Emotionen? Die Forscher geben dazu die Antwort: „In summary, taken together, a variety of different sources of evidence suggest that positive affect leads to certain outcomes rather than simply being caused by them." (S. 842). Erfolg mag – punktuell – zu positiven Empfindungen führen. Mehr positive Grund-Empfindungen führen jedoch nachweislich zu mehr Erfolg.

## 3.6.1  Folgendes haben wir also festgestellt:

- Die psychosozialen Probleme häufen sich
- Das hat negative Folgen für die Wirtschaft
- Die Techniken z. B. der positiven Psychologie und Persönlichkeitsentwicklung können die Symptome lindern, was den menschlichen wie auch den wirtschaftlichen Interessen dient und noch dazu direkt viel Positives bewirkt.

Die in diesem Kapitel aufgeführten Ergebnisse sind nur ein Bruchteil dessen, was sich zum Effekt von positiven Emotionen und Denkmustern auf die Wirtschaftsleistung finden lässt. Es gibt reichhaltige Argumente für folgende Aussage: Positive Gefühle, soziale Beziehungen und eine positive Kommunikationskultur lohnen sich wirtschaftlich.

Die Frage ist also nicht, ob es nützlich ist, Positive Interventionen in Unternehmen einzusetzen, sondern wie das gelingt und warum dies nicht häufiger erfolgt (siehe Kap. 4).

## Literatur

1. WHO (1948) Preamble to the constitution of the world health organization as adopted by the International Health Conference. Official records of the world health organization, No. 2: 100
2. Tindle H (2013) Up: how positive outlook can transform our health and aging. Hudson Street Press, New York
3. Danner DD, Snowdon DA, Wallace V (2001) Positive emotions in early life and longevity: findings from the nun study. J Pers Soc Psychol 80:804–813
4. Seligman MEP (2003) Der Glücks-Faktor. Warum Optimisten länger leben. Verlagsgruppe Lübbe, Bergisch Gladbach
5. Parsons T (2015) Wikipedia. Gesundheit http://de.wikipedia.org/wiki/Gesundheit. Zugegriffen: 26. März 2015
6. Judge TA, Thoresen CJ, Bono JE, Patton GK (2001) Job satisfaction – job performance relationship: a qualitative and quantitative review. Psychol Bull 127(3):376–407
7. Rucci AJ, Kirn SP, Quinn RT (1998) The Employee-Customer-Profit chain at sears. Harv Bus Rev 76:82–97
8. Goleman D, Boyatzis R, McKee A (2007) Emotionale Führung, 5. Aufl. Ullstein Verlag, Berlin
9. Heskett JL, Sasser WE, Schlesinger LA (1997) The service profit chain. Simon and Schuster-Verlag, New York
10. Fredrickson B (2011) Die Macht der guten Gefühle. Campus Verlag, Frankfurt a. M.
11. Lyubomirsky S, King L, Diener E (2005) The benefits of frequent positive affect: does happiness lead to success? Psychol Bull 131(6):803–855
12. Buckingham M, Coffman C (2002) Erfolgreiche Führung gegen alle Regeln. Campus, Frankfurt a. M.

# Wenn die Vorteile so überzeugend sind, warum sind nicht alle Unternehmen bereits „positiv"?

**Zusammenfassung**

Den vorstehenden Ergebnissen nach müssten wir alle bereits auf den Zug aufgesprungen, die Unternehmen von den unschlagbaren Vorteilen der Positiven Psychologie überzeugt sein und entsprechende Interventionen gestartet haben, um die Missstände psychosozialen Stresses zu beheben und die Produktivität zu steigern. Warum ist dies noch nicht oder noch nicht ausreichend Realität?

Dieser Frage geht die in diesem Kapitel vorgestellte Studie nach, die der Autor gemeinsam mit der Hochschule Fresenius Hamburg und Norstat durchgeführt hat. Es werden zwar bereits Maßnahmen durchgeführt, die als wirksam gelten, sie sind aber bei weitem noch nicht ausreichend. Zum einen, weil Führungskräfte ihre eigenen Leistungen überschätzen und somit den Bedarf an sozio-emotionalen Ressourcen unterschätzen. Aus Sicht der Mitarbeiter blockieren sie sogar weitere Verbesserungen. Zum anderen, weil die Dringlichkeit und Wichtigkeit von Positiven Interventionen unterschätzt wird. Daher werden nicht genügend Ressourcen wie Zeit und Geld freigemacht.

Die Hochschule Fresenius[1] und Norstat[2] führten gemeinsam mit mir im Juni 2014 eine Studie zur Umsetzung und Wirkung von Interventionen der Positiven Psychologie in Unternehmen durch.

---

[1] Die Hochschule Fresenius hat nach eigenen Angaben bundesweit 10.000 Studierende und Berufsfachschüler an acht Standorten. Sie bezeichnet sich als eine der größten und mit 165 Jahren Erfahrung als eine der ältesten privaten Bildungsinstitutionen. Die Hochschule in Hamburg legt einen starken Akzent auf den Fachbereich Wirtschaftspsychologie, der sich „Business School" nennt.

[2] Norstat beschreibt sich als führender Felddienstleister in Europa. Das Unternehmen bietet unter anderem Online-Befragungen an. Im hauseigenen Panel sind 18 europäische Länder vertreten mit weit über 600.000 Teilnehmern. Ein Qualitätskriterium ist die Zertifizierung nach ISO 9001:2008.

© Springer Fachmedien Wiesbaden 2016
D. Dallwitz-Wegner, *Unternehmen positiv gestalten,* DOI 10.1007/978-3-658-05040-5_4

**Tab. 4.1** In wie weit stimmen Sie den Aussagen zu oder nicht zu?

| Führungskräfte | Mitarbeiter |
| --- | --- |
| Ich fördere meine Mitarbeiter beruflich, soweit ich kann. | Meine Führungskraft fördert mich beruflich, soweit sie kann. |
| Ich empfand die letzten Mitarbeitergespräche mit meinen Mitarbeitern als offenen und konstruktiven Dialog. | Ich empfand das letzte Mitarbeitergespräch mit meiner Führungskraft als offenen und konstruktiven Dialog. |
| Ich gebe meinen Mitarbeitern Entscheidungsfreiheit in ihrem Arbeitsgebiet. | Meine Führungskraft gibt mir Entscheidungsfreiheit in meinem Arbeitsgebiet |

Auszug aus den jeweils 17 gespiegelten Item Batterien für Führungskräfte und Mitarbeiter, 6er Skala von „Stimme überhaupt nicht zu" bis „Stimme voll und ganz zu"

Im Fokus der Untersuchung standen unter anderem Interventionen, die das subjektive Wohlbefinden steigern, positive Emotionen erzeugen und individuelle Stärken fördern sollen. Es wurde konkret der Frage nachgegangen, ob und inwiefern solche Maßnahmen in Unternehmen durchgeführt werden und wie sie und ihre Effekte von den Arbeitnehmern wahrgenommen werden. Besonderes Interesse galt den möglichen Unterschieden zwischen den subjektiven Empfindungen von Mitarbeitern und Managern.

50 Führungskräfte (definiert als Verantwortung für mindestens fünf Mitarbeiter) und 250 Mitarbeiter beantworteten den Fragebogen innerhalb einer Woche. Die Teilnehmer aus Deutschland waren in Vollzeit berufstätig und gut verteilt hinsichtlich des Alters (zwischen 30 und 65 Jahren), der Unternehmensgröße, des Geschlechts und der Branche.

Beide Gruppen erhielten im ersten Teil des Fragebogens 17 sehr ähnliche Fragen. Hier ein Auszug: (Tab. 4.1)

Als Ergebnis (siehe Abb. 4.1) kann man sagen, dass Führungskräfte sich überschätzen. Sie beurteilen sich selbst wesentlich besser, als es die Mitarbeiter tun.

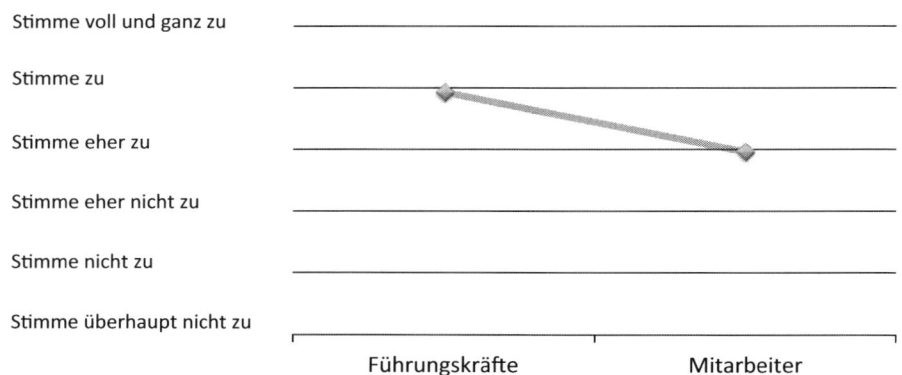

"Gibt es einen positiven Führungsstil in Ihrem Unternehmen?"

**Abb. 4.1** Einschätzung des Managementstils

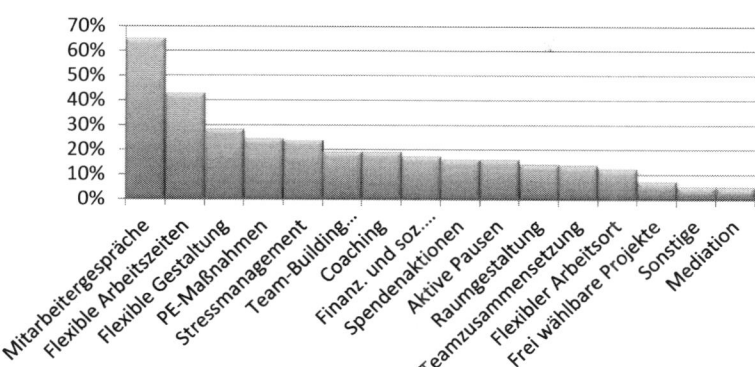

**Abb. 4.2** Interventionen in Unternehmen

In der Befragung konnte nicht sichergestellt werden, dass die Mitarbeiter und Führungskräfte aus dem gleichen Unternehmen stammen. Dennoch sind die Aussagen kon-
form mit anderen Befunden.

Es sollte nicht verwundern, dass Führungskräfte eine positivere Meinung von sich
haben. Das stimmt nicht nur mit den Studienergebnissen überein, die in Abschn. 2.3.2
beschrieben wurden. Es ist auch aus psychologischer Perspektive nachvollziehbar. Führungskräfte sollen in der Regel nach außen hin einen sicheren Eindruck erwecken und von
der eigenen Leistung überzeugt sein. Mitarbeiter hingegen können es sich erlauben, einen
kritischen Blick auf die Fähigkeiten der Führungskräfte zu riskieren. Dahingehend sind
die Ergebnisse sogar noch sehr annehmbar. Im Durchschnitt bewerten die Mitarbeiter die
Leistung der Führungskräfte positiv.

Grundsätzlich wird bereits einiges in Unternehmen angeboten, das in den Bereich der
Positiven Interventionen gerechnet werden kann. In Abb. 4.2 sehen Sie die Auswahl gängiger Maßnahmen, die im Fragebogen genannt wurden. Von den 300 Teilnehmern nahmen
nur drei die Möglichkeit wahr, unter „Sonstiges" noch weitere Maßnahmen zu nennen.

Der Wert solcher Interventionen wird in der Tendenz positiv eingeschätzt. Die Frage
nach dem Effekt der Maßnahmen beantworteten über 50 % der Teilnehmer mit „Starker
positiver Effekt" oder „positiver Effekt" auf ihren eigenen Arbeitsalltag. Allerding gaben
ca. 40 % der Teilnehmer an, dass Sie in den Maßnahmen keinen Effekt sahen. Knapp
5 % sehen sogar einen „Negativen Effekt" oder „Starken negativen Effekt". Interessanter
Weise sind die Führungskräfte hier etwas optimistischer in ihrer Einschätzung als die Mitarbeiter.

Heruntergebrochen auf den Effekt nicht nur auf den eigenen Arbeitsalltag insgesamt,
sondern auf verschiedene Aspekte des Berufslebens, ergibt sich ein recht homogenes Bild.
In Abb. 4.3 sehen Sie die einzelnen Bereiche und deren mittlere Beurteilung. Dabei sind
„weichere" Faktoren wie Sinnhaftigkeit, wie auch etwas „härtere" wie Leistungsfähigkeit

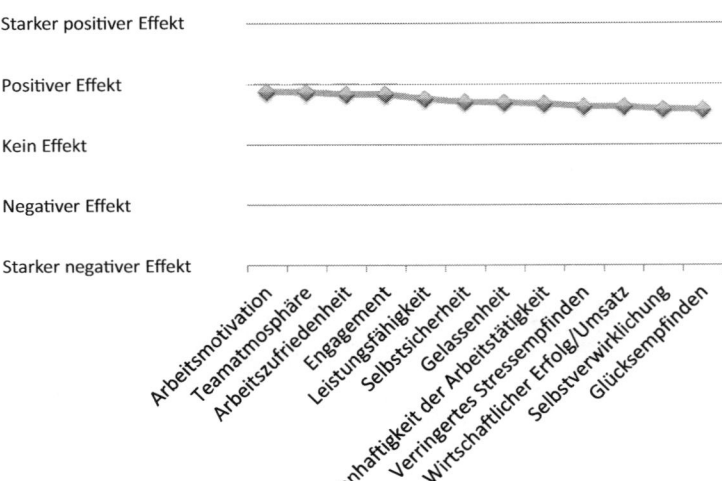

**Abb. 4.3** Wahrgenommener Effekt von Interventionen auf den Arbeitsalltag

enthalten. Der Effekt auf wirtschaftlichen Erfolg und Umsatz wird in der Tendenz positiv bewertet.

Insgesamt ist die Bereitschaft für solche Interventionen vorhanden, die Effekte werden in der Regel positiv beurteilt. Dennoch gibt es häufig zu wenige Angebote. Die Frage „Werden in Ihrem Unternehmen Weiterbildungen durchgeführt?" beantworteten 38 % mit „ja, aber zu wenige".

Die Studie widmete sich auch der Frage, was weitere Angebote dieser Art verhindert („Sie haben angegeben, dass in Ihrem Unternehmen zu wenige oder keine Weiterbildungen durchgeführt werden. Welche Faktoren verhindern Ihrer Meinung nach die Durchführung?"). In Abb. 4.4 sehen Sie die Ergebnisse.

Ein Drittel der Befragten, die sich mehr Angebot wünschen, geben an, dass das Management und/oder die Unternehmenskultur dies verhinderten.

Hier haben wir also eine Antwort auf die Frage, warum nicht alle oder zumindest mehr Unternehmen „positiv" sind. Dazu benötigen wir einen Umdenkprozess. Führung wie auch Mitarbeiter sollten die rationalen Argumente kennenlernen, die für eine positive Evolution von Unternehmen sprechen. Auch auf Elefanten-Ebene gilt es Überzeugungsarbeit zu leisten. Je mehr gute Erfahrungen wir mit positiven Interventionen machen, desto mehr sind wir bereit, diesen Weg weiter zu gehen. Ein Schritt führt zum nächsten. Wie sie das machen können, finden Sie in Kap. 6.

## "Warum werden zu wenig/keine Weiterbildungen durchgeführt?"

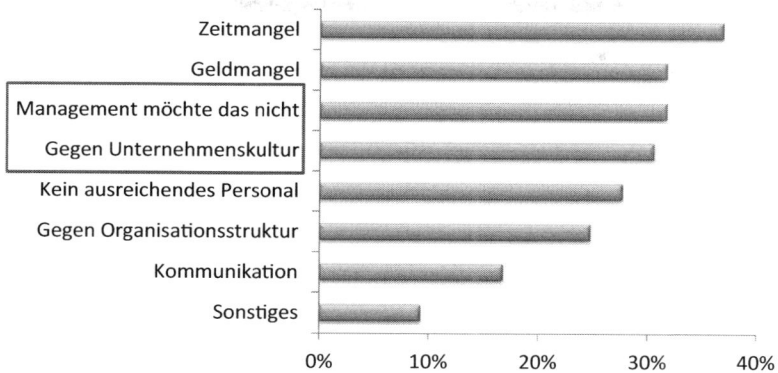

**Abb. 4.4** Hinderungsgründe für Interventionen

Die Wirkung Positiver Interventionen auf ein Unternehmen wird häufig unterschätzt. Wir brauchen Führungskräfte und Mitarbeiter, die die Dringlichkeit und Wichtigkeit einer positiven Evolution der Wirtschaft sehen, um die Ressourcen für Veränderungen zu investieren.

# Theoretische Grundlagen

**5**

**Zusammenfassung**

Vor der praktischen Umsetzung steht die Frage, welche Positiven Interventionen die wirkungsvollsten sind. Schließlich kann es sich kein Unternehmen leisten, falsch oder blind zu investieren. Dieses Kapitel stellt alle theoretischen Grundlagen zur Verfügung, um die richtige Investitionsentscheidung zu treffen. Vor allen auf Basis der Positiven Psychologie (siehe Abschn. 5.5.2) lassen sich anschließend in Kap. 6 konkrete Interventionen ableiten.

## 5.1 Wissenswertes über Elefant und Reiter

Um das Unterbewusstsein (Elefant) und das Zusammenspiel mit dem Bewusstsein (Reiter) gibt es viele Vermutungen. Erst in jüngster Zeit kommen ihnen die Forschung mit wissenschaftlichen Methoden der Psychologie und Neurowissenschaften ansatzweise auf die Schliche.

Nach Experten wie Prof. Esch stehen wir in den Neurowissenschaften noch am Anfang. Dennoch gibt es immer wieder aufsehenerregende Erkenntnisse oder ergänzende Belege von Erkenntnissen, die wir bereits durch andere Wissenschaften wie die Psychologie gewonnen haben.

Die schiere Komplexität des Gehirns ist erstaunlich (siehe Esch [1, S. 29]) mit 100.000.000.000 (100 Mrd.) Nervenzellen. Würde man alle Nervenfasern aneinanderreihen, käme man auf eine Gesamtlänge von ca. 6.000.000 km – jeder einzelne Mensch könnte also eine Nervenfaserbahn ca. 150 Mal um die Erde legen. Jede Zelle ist mit anderen Zellen bis zu mehrere Tausend Mal vernetzt. Im Schnitt haben wir also schätzungsweise 1.000.000.000.000.000.000 (eine Trillion) Verknüpfungspunkte im Gehirn. Würden Sie je-

© Springer Fachmedien Wiesbaden 2016

D. Dallwitz-Wegner, *Unternehmen positiv gestalten,* DOI 10.1007/978-3-658-05040-5_5

den einzelnen Tag so viel erwirtschaften wie Deutschland in einem ganzen Jahr, müssten Sie dennoch ca. 754 Jahre ununterbrochen arbeiten, um eine Trillion Euro zu verdienen. Um dem noch die Krone aufzusetzen, werden einzelne Zellverbindungen mehrmals genutzt, wie man die immer gleichen Buchstaben zu immer neuen Worten zusammensetzen kann.

Das Gehirn kann in verschiedene Regionen aufgeteilt werden, wobei diese Areale milliardenfach miteinander verknüpft sind und ständig interagieren. Eine übliche Aufteilung ist die (in der Reihenfolge der evolutionären Entstehung) in Hirnstamm, Kleinhirn, Zwischenhirn und Großhirn.

Nicht nur der Aufbau, sondern auch die biochemische Funktionsweise ist extrem komplex. Für einen Laien sind die biochemischen Vorgänge der Botenstoffe wie Neurotransmitter oder Hormone schwer durchschaubar. Es gibt nicht nur eine große Anzahl davon, sondern sie interagieren auch noch miteinander und bilden komplexe Reaktionszyklen.

Einfach Aussagen sind dementsprechend nur mit Vorsicht zu genießen. Bilder wie „Elefant und Reiter" sind extreme Vereinfachungen, die zum Ziel haben, in der Praxis besser handeln zu können. In diesem vereinfachten Sinne werden hier die Begriffe Bewusstsein und Unterbewusstsein behandelt.

Das Kleinhirn ist nach gängiger Ansicht für den Gleichgewichtssinn zuständig. Hier zeigt sich die Grenze bewusster Beeinflussung. Ist der Gleichgewichtssinn gestört, können Sie bewusst nur wenig dagegen machen.

Emotionen sind größtenteils Elefantenarbeit, die im limbischen System in Zusammenarbeit mit anderen Teilen des Gehirns geleistet wird. Wenn Sie Todesangst bekommen, aggressiv werden, oder einer starken Sucht unterliegen, übernimmt der Elefant fast vollständig. In den Anfangsphasen oder nach einer Beruhigung kann der Reiter steuernd eingreifen.

Eine deutliche Trennung von Bewusstsein und Unterbewusstsein können wir auch in der Wahrnehmung ziehen. Wird Ihnen ein Wort nur 30 ms gezeigt, werden Sie nicht sagen können, welches Wort gezeigt wurde. Und dennoch kann es Sie beeinflussen. Man nennt diesen Prozess in der Psychologie „unterschwellige Wahrnehmung" und „Priming". Versuchspersonen, die unterschwellig negative Worte angezeigt bekommen, reagieren anschließend negativer, bei positiven Worten entsprechend positiver. Versuchspersonen, denen unterschwellig Assoziationen zum Alter präsentiert werden, laufen anschließend langsamer einen Gang entlang als Versuchspersonen, denen neutrale Reize gezeigt wurden. Die Experimente dazu sind zahlreich und beziehen sich nicht nur auf unterschwellig angezeigte Worte. Ebenso wirksam sind Gerüche, Geräusche, Temperatur, Gewicht von Gegenständen, Körperhaltung des Gesprächspartners usw. (u. a. Neurowissenschaftler und Psychiater Prof. Manfred Spitzer [2, S. 28–50]). Die Experimente zeigen, dass die Versuchspersonen sich nicht aktiv an den entscheidenden Reiz erinnern konnten, jedoch von ihm beeinflusst wurden. Diese Effekte sind nur begrenzt wirksam. Der Einfluss unterschwelliger Reize kann leicht gestört werden. Wird zum Beispiel gleich nach dem 25sten Bild mit einem Wort ein sogenannter Störreiz gezeigt, also ein anderes Wort, ist der Einfluss in der Regel nicht mehr nachweisbar.

Sind bewusste Entscheidungen reine Reiterarbeit? Ein Beleg für die vorbereitende Arbeit des Elefanten sind neurowissenschaftliche Erkenntnisse über Entscheidungsfindung. Benjamin Libet [3] konnte nachweisen, dass wir die Entscheidung, unsere Hand bewegen zu wollen, bereits 0,3 s vorher unterbewusst gefällt haben. Aktuelle Studien (z. B.

2008 von John-Dylan Haynes [4]) zeigten sogar, dass bis zu zehn Sekunden vor einer Entscheidung bereits eine unterbewusste Vorbereitung getroffen wurde. Diese Befunde werden bis heute heftig diskutiert.

Zur Beruhigung wurde ebenfalls festgestellt, dass die unterbewusste Vorbereitung nicht definitiv zu einer bestimmten Entscheidung führt. In Haynes Experiment konnte nur zu 60 % die tatsächliche Entscheidung vorhergesagt werden. Auch kann die Vorbereitung durch einen bewussten Prozess unterbrochen werden. Wir können zudem unterschwellig nicht so beeinflusst werden, dass wir etwas kaufen oder tun, was wir definitiv nicht wollen.

In anderen Worten: Der Elefant ist ständig in Aktion und bereitet unser Verhalten vor. Der Reiter wird darüber in der Regel nicht informiert. Gelegentlich erhält er jedoch ein Veto-Recht, um Entscheidungen nochmals zu korrigieren.

In vielen Fällen ist eine Zuordnung nach „bewusst" und „unterbewusst" nicht einfach – schon bei evolutionsbiologisch alten Funktionen, wie die des Stammhirns. Ihm werden eher automatische und reflexartige Funktionen zugeschrieben wie Herzschlag, Atmung oder Hustenreflex. Auch ohne Ihre Aufmerksamkeit werden Sie in der Regel atmen. Allerdings können Sie den Atem nach Belieben in Ihre Aufmerksamkeit bringen. Sie können automatische Prozesse wie den Herzschlag sogar eingeschränkt „bewusst" beeinflussen (z. B. durch Biofeedback, Autogenes Training oder Meditation).

Auch in der oben beschriebenen Wahrnehmung gibt es viele Überschneidungen. Zunächst nimmt der Elefant wahr, sortiert vor und gibt dann die scheinbar entscheidenden Informationen an den Reiter weiter (siehe Experiment in Abschn. 1.1). In der Psychologie sagt man hierzu, dass der Mensch subjektiv oder auch selektiv wahrnimmt. Hier können sich Elefant und Reiter also auch abstimmen.

Laut einem Standardwerk der Psychologie von Myers [5, S. 600] hat das Unbewusste u. a. folgende Aufgaben:

- Schemata, die unsere Wahrnehmungen und Interpretationen automatisch steuern;
- Priming durch Reize, die wir nicht bewusst beachtet haben;
- Parallelverarbeitung verschiedener Aspekte des Sehens und Denkens;
- Implizite Erinnerungen, die ohne bewussten Abruf wirken, auch bei Menschen mit Amnesie
- Emotionen, die zu sofortigen Reaktionen führen, noch vor der bewussten Analyse der Situation;
- Selbstkonzept und Stereotype, die automatisch und unbewusst Einfluss darauf nehmen, wie wir Informationen über uns und andere verarbeiten.

Einige Gehirnfunktionen können wir deutlich als „bewusst", also als Reiter-Arbeit bezeichnen, wie die Lösung mathematischer Aufgaben. Sind sie bereits jedoch vorher schon einige Male gelöst worden (wie das kleine Einmaleins), brauchen wir nur noch wenig bewusste Kapazität zur Lösung. Sind sie zu kompliziert, beginnen wir zu schätzen, was auch wieder großteils durch Heuristiken unbewusst gelöst wird. Liegt der Anforderungsgrad dazwischen, kann man von einer größtenteils bewussten Lösung sprechen.

Reiter-Arbeit ist sehr energieaufwändig (mehr dazu in Daniel Kahneman [6]. Im Gegensatz zum Elefanten (bei Kahneman System 1) ermüdet der Reiter (System 2) schon nach relativ kurzer Zeit. Wir können einen Tag einfach so verbummeln, aber nicht den ganzen Tag komplexe Gleichungen lösen.

Zu den Grundmotivationen gehören z. B. nach der Konsistenztheorie von Klaus Grawe [7] Kontrolle, Lust, soziale Beziehungen und die Aufrechterhaltung des Selbstwerts (mehr zur Motivation siehe Abschn. 5.9). Diese werden am besten erfüllt und Ziele am besten erreicht, wenn Reiter und Elefant zusammenarbeiten.

---

**Zusammenfassend heißt das**

- Elefant und Reiter sind ein vereinfachtes Bild neuronaler Vorgänge.
- Obwohl der Elefant hinsichtlich der Verarbeitungskapazität ungleich größer ist als der Reiter (siehe Abschn. 1.1), ist nichts über die Qualität ausgesagt.
- Elefant und Reiter arbeiten fast immer zusammen, allerdings je nach Situation mit unterschiedlichem Gewicht. Die Vorbereitung und alltägliche Arbeit erledigt der Elefant, bei Spezialaufgaben kommt der Reiter zum Einsatz.
- Beide sind wichtig für unser Leben und unser Arbeiten.

---

## 5.2  Abschied vom homo oeconomicus – Gastbeitrag von Professor Karlheinz Ruckriegel

Auch in der Ökonomiewissenschaft entbrennt der Streit um ein neues Wirtschaftsdenken. Hierzu verfasste Karlheinz Ruckriegel, Professor für Volkswirtschaftslehre an der Technischen Hochschule Nürnberg Georg Simon Ohm, eigens für dieses Buch eine Kurzfassung seines Beitrags „Abschied vom homo oeconomicus"[1] Sein Spezialgebiet ist neben Geldwirtschaft und Mikroökonomie die Glücksforschung und ihre Folgen für die Wirtschaft.

„Der Agent der volkswirtschaftlichen Theorie (der „homo oeconomicus", Anmerkung des Verfassers) ist rational, egoistisch, und seine Präferenzen verändern sich nicht." Daniel Kahneman [6, S. 331].

Es geht also um drei – (schlicht) axiomatisch (= gültige Wahrheit, die keines Beweises bedarf)/a priori (von vornherein, grundsätzlich, ohne weitere Beweise) gesetzte (!) – Merkmale des homo oeconomicus: Rationalität, Egoismus und unveränderte/stabile Präferenzen im Zeitablauf (Zeitkonsistenz/Willensstärke). Die homo oeconomicus-Annahme ist der Kern der Neoklassik, der Mainstream Ökonomie/k der letzten Jahrzehnte. Die Erkenntnisse der Behavioral Economics und der Nachbardisziplinen Psychologie und Neurobiologie kommen - auf empirischer Grundlage (!) – aber zu ganz anderen Ergebnissen.

Ergebnisse der experimentellen Wirtschaftsforschung zeigen, dass die meisten Menschen nicht egoistisch sind, sondern eine Präferenz für Gleichheit haben. Dies führt zu Altruismus, wenn es dem anderen schlechter geht und Neid, wenn es dem anderen besser geht. Ihren Niederschlag findet diese „Ungleichheitsaversion" in Fairness und Reziprozität. Das Denkmodell des homo oeconomicus hatte aber Folgen, insbesondere für StudentInnen der Wirtschaftswissenschaften und für das

---

[1] Nürnberg August 2014, www.ruckriegel.org.

Management in den Unternehmen (vertiefend hierzu Ruckriegel et al. [8]). Es „entwickelte sich zu einer schleichenden, jahrzehntelangen Schulung in Egoismus." so Frank Schirrmacher [9, S. 27]. Er spricht hier auch von einem „System der Indoktrination", und zwar in „Misstrauen und Selbstsucht".

Auch die Annahme unveränderter Präferenzen (Zeitkonsistenz, Willensstärke) hält der Realität nicht Stand. Dies führen Richard H. Thaler und Cass R. Sunstein [10] auf zwei Gründe zurück: Gedankenlosigkeit (mindlessness) und Versuchung (temptation) (vertiefend hierzu Ariely [11]). Es gibt danach zwei Zustände: „cold" – beim abstrakten Nachdenken über etwas (z. B: ich will abnehmen) und „hot" -Verhalten in der konkreten Situation (z. B. Angebot eines vorzüglichen Desserts). Oftmals siegt der Wunsch (die Versuchung) nach unmittelbarer Bedürfnisbefriedigung in der heißen („hot") Entscheidungs- bzw. Erregungssituation. In der heißen Entscheidungssituation gelingt Selbstkontrolle oftmals nicht, da die Menschen die Kraft der Erregung unterschätzen.

Schließlich wird unterstellt, dass die Menschen rational, d. h. logisch widerspruchsfrei handeln. Daniel Kahneman [6, S. 508 f.] schreibt hierzu: „Die Definition von Rationalität als Kohärenz ist in einer wirklichkeitsfremden Weise restriktiv; sie verlangt die Einhaltung von Regeln der Logik, die ein begrenzter Intellekt nicht leisten kann." und er zieht daraus die Schlussfolgerung, dass Menschen „sich mit dem Modell des rationalen Agenten nicht gut beschreiben lassen."

Im Zusammenhang mit der Finanzkrise der letzten Jahre schreibt Jörg Asmussen [12, S. 30 f.], Staatssekretär im Bundesministerium für Arbeit und Soziales und ehemaliges Mitglied des EZB-Rates: „Ich denke, dass inzwischen klar ist, was wirtschaftstheoretisch nicht funktioniert hat: Im Kern ging es um die Unzulänglichkeit der neoklassischen Finanzmarkttheorie, die Institutionen weitgehend ignoriert hat und unterstellt, dass Finanzmärkte stabil sind, Informationen effizient verarbeitet werden und Wirtschaftssubjekte rational handeln." Jörg Asmussen hat die Europäische Zentralbank (EZB) 2013 bei der mündlichen Verhandlung vor dem Bundesverfassungsgericht, bei der es darum ging, inwieweit die von der EZB im Sommer 2012 angekündigten Käufe von Staatsanleihen im Bedarfsfall rechtlich noch mit dem EZB-Mandat gedeckt sind, vertreten (vertiefend hierzu Ruckriegel [13] sowie Görgens et al. [14]).

„Kaum je hat eine wichtige Wissenschaft ein solches Debakel erlebt, wie die Ökonomie." Edward Fullbrook, Director der World Economic Association [15]

Es wird höchste Zeit, das sich die Ökonomie/k von der Neoklassik, einer Kunstlehre im luftleeren Raum, die einzig auf dem Fundament der homo oeconomicus Annahme fußt, abwendet, und sich mit der Behavioral Economics wieder in die empirischen Sozialwissenschaften einreiht.

„Man soll die Dinge so einfach wie möglich machen, aber nicht noch einfacher." Albert Einstein

Was hier als „cold" beschrieben wird, ist der Reiter, „hot" der Elefant. Um die Dinge nicht zu einfach, sondern wieder menschlicher zu machen, müssen wir den Elefanten in den wirtschaftlichen Kontext bringen. Wie man das macht, zeigt Ihnen Kap. 6.

## 5.3 Systemisches Denken

Vielleicht wird die aktuelle geschichtliche Periode einmal das systemische Zeitalter heißen. Zumindest hat das systemische Denken Einfluss in die unterschiedlichsten Bereiche gewonnen, von Therapie bis Wirtschaftswissenschaften. Das systemische Denken speist sich aus vielen Ansätzen. Es vereinigt Gedankengut aus Philosophie, Ökologie, Psychotherapie oder Kybernetik. Einige entscheidende Personen und Richtungen waren Niklas Luhmann, Wittgenstein, von Foerster, Milton Erickson oder Gregory Bateson.

▶ **System**  Ein System besteht aus *Systemelementen*, die miteinander in *geregelter Beziehung* stehen, *mehr sind als die Summe ihrer Teile* und die sich *abgrenzen* gegenüber anderen Ansammlungen von geregelten Systemelementen.

Zum Beispiel ist Ihr Unternehmen ein System. Die *Systemelemente* sind z. B. die Mitarbeiter. Es gibt *Regeln*, die das Miteinander organisieren, z. B. Arbeitszeiten, Anstellungsverträge oder Arbeitsabläufe. Vielleicht haben Sie Leitlinien, die den grundsätzlichen Umgang miteinander beschreiben sollen. Die *Summe der Mitarbeiter*, die geregelt miteinander arbeiten, ergibt ein Unternehmen, das hoffentlich Profit macht. Hier als Beispiel ein Marktforschungsunternehmen. Es ist in der Lage, verschiedene Dienstleistungen wie Kreativgruppen, Gruppendiskussionen, Online-Befragungen oder Marktanalysen anzubieten. Das Unternehmen hat ansehnliche Erfahrung mit unterschiedlichen Methoden gesammelt, die als Vergleichswerte (Benchmarks) für neue Untersuchungsergebnisse dienen und vieles mehr. Dies ist nur als *Summe vieler Studien und Mitarbeiter* möglich. Ein Marktforscher alleine kann dies als Selbständiger nicht anbieten. Es sei denn, er arbeitet mit einem breiten Netzwerk zusammen, was auch wieder ein System ergäbe. Ihr Unternehmen ist *abgrenzbar* von anderen Unternehmen. Diese Abgrenzung mag unscharfe Kanten haben wie z. B. Teilzeitbeschäftigte, die auch für andere Unternehmen arbeiten oder gemietete Gerätschaften. Dennoch können Sie im Großen und Ganzen beschreiben, was zu Ihrem Unternehmen gehört und was nicht.

Ein entscheidendes Merkmal für Systemisches Denken ist die ganzheitliche Betrachtung von Phänomenen. Ob es um ein persönliches Problem geht, um Familienschwierigkeiten oder um Lösungsfindung in Unternehmen – immer geht es um Elemente, die mit anderen Elementen wechselwirken. Fragen wie „Warum hast du das getan?" sind dabei nicht so wichtig wie „Welche Auswirkungen hat dein Verhalten auf andere?".

Aus einer komplexen Sicht auf Systeme ist es geradezu unverständlich, den „Faktor Mensch" (soziale Vergleiche, Emotionen, Irrationalität, unbewusste Wahrnehmung und Entscheidungen) aus der ökonomischen Gleichung auszuschließen (siehe homo oeconomicus Abschn. 5.1). Wirtschaft wird von und für Menschen gemacht. Also müssen auch menschliche Bedürfnisse, Werte und Verhalten mit ökonomischen Interessen verbunden werden. Kahneman und andere haben gezeigt, dass wirtschaftliche Ereignisse nur so erklärbar sind. Demzufolge muss eine Balance gefunden werden aus Komplexität und praktischer Handhabbarkeit.

In einer positiven Evolution der Wirtschaft geht es darum, Systeme zu beeinflussen – und zwar Gesellschaft, Unternehmenskultur, Prozesse, Produkte/Dienstleistungen, Führung und Mitarbeiter.

*Intrapersonell* bedeutet das: Zusammen mit der inneren Landkarte (Abschn. 5.7) ergibt der systemische Ansatz eine neue Sichtweise, die Kommunikation und Miteinander radikal verändert:Der Andere ist jemand anderes. Man kann vom eigenen Erleben und eigener Erfahrung nicht automatisch auf Erleben und Erfahrung von anderen schließen.

Auf der Ebene der *Unternehmenskultur*: Sie können die Regeln Ihres Unternehmens so verändern, dass sie eine positive Unternehmenskultur fördern. Wie Sie das machen, sehen Sie in Kap. 6.

**Tab. 5.1** Salutogenese versus Pathogenese

| Salutogenese fokussiert auf | Pathogenese fokussiert auf |
|---|---|
| Lösung und Stimmigkeit | Problem und Unstimmigkeit |
| Ressourcen | Defizite |
| Wo will ich hin? | Wovon will ich weg? |
| Subjektives | Norm |
| Ganzheitlichkeit | Einzelfall |
| Sowohl als auch | Entweder oder |

## 5.4   Salutogenese

Der Begriff wurde in den 80er Jahren von Aaron Antonovsky geprägt. Salutogenese ist der Gegenentwurf zur Pathogenese. Statt auf Krankes zu schauen wird das Augenmerk auf die Gesunderhaltung gelegt. Diese Sichtweise deckt sich mit der in diesem Buch vorgestellten.

Weitere Unterschiede sehen Sie in Tab. 5.1.

In Zusammenhang mit dem hier vorgestellten Ansatz ist vor allem folgende Idee wichtig. Körperliche und psychische Gesundheit werden nach der Salutogenese durch das Zusammenspiel dreier Faktoren unterstützt:

* Verstehbarkeit,
* Handhabbarkeit und
* Sinnhaftigkeit.

Werden zum Beispiel Arbeitsprozesse so organisiert, dass sie für die Mitarbeiter verstehbar sind, alle benötigten Ressourcen und Fähigkeiten verfügbar sind und die Tätigkeiten im Gesamtzusammenhang stehen mit den Zielen des Unternehmens, dann erhöht das die Zufriedenheit sowie die Leistung.

## 5.5   Positive Psychologie

Ich lernte Seligman und Csikszentmihalyi persönlich 2004 kennen, neben anderen Persönlichkeiten der Positiven Psychologie. Damals waren die Konferenzen noch kleiner und übersichtlicher, so dass man gut mit den Forschern in Kontakt kommen konnte.

Nach Ansicht von „Positiven Psychologen" (z. B. Seligman und Csikszentmihalyi [16]) beschäftigte sich die psychologische Forschung nach dem zweiten Weltkrieg vor allem mit der Heilung von Krankheiten. Diese war gerade in den Jahrzehnten nach den Kriegsunruhen notwendig geworden. Psychosen (z. B. Schizophrenie, wahnhafte Störung oder anhaltende psychotische Störungen) wie auch Neurosen (vor allem Zwangsstörungen oder Angststörungen) wurden klassifiziert und Therapien entwickelt. Ziel war es in erster

**Abb. 5.1** Wirkungskanal für
Gesundheit

Gesundheit                                        Krankheit

Linie, Kranke zu einem normalen Leben zurückzuführen (siehe Abb. 5.1). Forschung dieser Art ist sehr hilfreich und notwendig. Einige psychische Störungen können mittlerweile
gut behandelt werden. Leider konnten die Erkenntnisse die Zunahme psychischer Erkrankungen nicht verhindern.

Abraham H. Maslow (führender Motivationspsychologe, geb. 1908, gest. 1970) soll
sich bereits in seinem Werk „Motivation und Persönlichkeit" von 1954 für eine positive
Psychologie ausgesprochen haben. Leider liegt dem Autor diese Ausgabe des Buchs von
1954 nicht vor. In der 12. Auflage vom November 2010 (S. 61) [17] heißt es: „Jede Mo-
tivationstheorie, die der Aufmerksamkeit wert sein soll, muss die höchsten Fähigkeiten
des gesunden und starken Menschen behandeln wie auch die defensiven Manöver des
verkrüppelten Geistes. Die wichtigsten Aspekte der größten und besten Menschen der
Geschichte müssen alle einbezogen und erklärt werden. Ein solches Verständnis kann sich
nie aus der Beobachtung nur von kranken Menschen ergeben. Wir müssen unsere Aufmerksamkeit auch den Gesunden zuwenden. Die Motivationstheoretiker müssen in ihrer
Orientierung positiver werden."

In den 60er Jahren und dann verstärkt ab den 80ern verlagerte sich das Forschungs-
interesse teilweise. Immer mehr ging es um die andere Seite des Kontinuums. Nicht die
Krankheiten standen im Vordergrund, sondern die Gesundheit.

Es etablierte sich langsam die Resilienzforschung. Unter Resilienz versteht man die
Widerstandskraft gegen Krisen. Eine der bekanntesten Studien zur Resilienz wurde von
Emmy Werner und Ruth Smith [18] durchgeführt. 698 Teilnehmer/innen wurden über
ca. 40 Jahre beobachtet. Etwa ein Drittel dieser Personen hatten in ihrer Jugend mit un-
günstigen Bedingungen zu kämpfen (Armut, psychische Erkrankung der Eltern, familiäre
Gewalt etc.). Von diesen zeigten ca. 70 % die erwarteten negativen Folgen wie psychische
oder physische Beeinträchtigungen. Die übrigen 30 % jedoch trugen keine Folgeschäden
davon. Sie waren psychisch wie physisch stabil und gesund. Was unterschied dieses Drittel von den anderen? Sie besaßen eine andere Einstellung sowie entwickeltere emotionale
und soziale Fähigkeiten. Sie hatten zum Beispiel gelernt, trotz widriger Umstände mindestens eine stabile soziale Beziehung aufzubauen. Die Bezugsperson muss kein Elternteil
gewesen sein, sondern vielleicht eine Tante oder guter Freund. Ein anderes Beispiel ist
Selbstwirksamkeit. Resiliente Menschen haben gelernt, dass sie Einfluss auf ihre Umwelt

ausüben können. Wenn sie sich ein Ziel setzen, können sie es erreichen – nicht jedes Mal, aber von Zeit zu Zeit. Fähigkeiten wie diese lassen sich auch gezielt erlernen.

Ein Ergebnis dieses veränderten Forschungsinteresses war die Positive Psychologie. Populär wurde sie vor allem durch Martin Seligman. 1997 wurde er Verbandspräsident des wohl weltweit einflussreichsten Psychologenverbands APA (American Psychological Association). Seligman nutzte seine Position, um einen neuen Schwerpunkt zu etablieren und ihm einen Namen zu geben. Er knüpfte somit an psychologische Forschungsrichtungen vor dem zweiten Weltkrieg an.

Die Positive Psychologie sollte sich eben nicht in erster Linie mit der Heilung von Krankheiten beschäftigen, sondern mit Flourish – der Entwicklung persönlicher Stärken und Fähigkeiten. Positive Psychologie ist die wissenschaftliche Untersuchung dessen, was Individuen und Gemeinschaften erblühen lässt. Eine der Messgrößen ist das subjektive Wohlbefinden (subjective well-being), das durch Positive Interventionen gesteigert werden soll. Interessanterweise bezeichnet sich Martin Seligman auf Konferenzen selbst als eher unglücklichen Menschen, der jedoch an der Steigerung seiner Lebensqualität arbeite.

Positive Psychologie wächst seit der Jahrtausendwende stetig weiter, wird aber auch kritisch diskutiert. Hier finden Sie ausgewählte Erkenntnisse der Positiven Psychologie, die für dieses Buch als Grundlage dienen.

## 5.5.1 Subjektives Wohlbefinden

Einer der zentralen Maßstäbe der Positiven Psychologie ist das subjektive Wohlbefinden. Es bezieht sich grob gesprochen auf zwei Kategorien.

Die erste befasst sich mit dem stark emotionalen Zustand des momentanen Glücksempfindens (eher „Elefantenangelegenheit"). Hierzu könnte man auch Hedonia oder einfach Glück sagen. Zur Bedeutungswolke gehören zum Beispiel Freude, Enthusiasmus, Begeisterung, Frohsinn, oder Fröhlichkeit. Prof. Tobias Esch [1] nennt diesen Bereich aus medizinischer Sicht das Wanting-System. Es ist biologisch stark geprägt von Dopamin und Endorphinen. Diese Art von Glück ist aktivierend, flüchtig, kommt und geht, kann sinnvoll oder sinnlos sein wie das Lachen eines Babys.

Die zweite Kategorie ist stärker durch intellektuelle Leistungen geprägt und könnte Eudaimonia, Lebenszufriedenheit oder einfach Zufriedenheit genannt werden (hier mischt sich der Reiter stärker ein). Nahe Begriffe sind Wohlbehagen, Seelenfrieden, Herzensruhe oder Selbstzufriedenheit. Es wird nach Esch eher von Oxytocin, Prolaktin oder endogenem Morphium hervorgerufen. Diese Art von Glück ist eher beruhigend. Das Gefühl stellt sich häufig ein, wenn Sie über etwas reflektieren und es als sinnvoll erachten oder wenn Ihnen etwas gut gelungen ist.

## 5.5.2   PERMA

Die Steigerung subjektiven Wohlbefindens scheint erst einmal eine sehr individuelle Aufgabe. Sind wir nicht alle verschieden in unseren Bedürfnissen, Wünschen und Glücklichmachern? Ja und nein. Wir mögen alle unterschiedliche Gemälde sein. Die Grundfarben sind bei allen Menschen jedoch gleich. Welche Farben – also Merkmale oder Fähigkeiten – sind in allen Kulturen und Individuen zu finden? Die Positive Psychologie nennt zurzeit fünf Säulen. Daraus ergibt sich der PERMA-Ansatz:

*   P – ositive Emotionen
*   E – ngagement
*   R – elationships (Soziale Beziehungen)
*   M – eaning (Sinn/Werte)
*   A – ccomplishment (Zielerreichung)

Das bedeutet:

*   Wenn Sie *positive Emotionen* schulen, z. B. Genuss oder Achtsamkeit gegenüber den schönen kleinen Momenten des Lebens, dann werden Sie glücklicher.
*   Wenn Sie Themen finden, die Sie wirklich interessieren und denen Sie *motiviert/engagiert* nachgehen, dann werden Sie glücklicher.
*   Wenn Sie stabile und qualitativ *wertvolle Beziehungen* aufbauen, werden Sie glücklicher.
*   Wenn Sie *Sinn* in Ihrem Leben und Ihrer Arbeit entdecken, werden Sie glücklicher.
*   Wenn Sie Ihre *Ziele erreichen*, dann werden Sie glücklicher.

All diese Fähigkeiten sind trainier- und verbesserbar. Alle diese Fähigkeiten haben einen positiven Einfluss auf das Berufsleben (siehe Kap. 3). So gesehen lohnt sich die Entwicklung von PERMA sowohl im Privat- wie auch im Berufsleben. Win-Win.

Ich werde in Interviews gerne gefragt, welche Tipps ich den Lesern oder Hörern mitgeben kann, um glücklicher zu werden. Auf Basis des hier dargestellten PERMA-Ansatzes ergibt sich:

Erreichen Sie gemeinsam mit anderen sinnvolle Ziele und haben Sie Spaß dabei.

## 5.5.3   Charakterstärken

Was ist der Unterschied zwischen Stärken, Charakterstärken, Talenten, Tugenden, Begabungen und Fähigkeiten? Wäre dies ein Buch über Philosophie, wäre das eine entscheidende Frage. Für den hier beschriebenen praktischen Ansatz ist es weniger relevant. Daher werden alle Begriffe unter der gleichen Kategorie betrachtet. Es geht um diejenigen

persönlichen Kerncharakteristiken, die Sie oder Ihre Mitarbeiter von Hause aus mitbringen und/oder lernen können, um Ihre Arbeit zu tun. Diese Eigenschaften können körper-
licher, psychischer, sozialer oder intellektueller Natur sein. Im Folgenden wird einfach das
Wort „Stärken" verwendet.

### Welche Eigenschaften müssen Sie mitbringen, um erfolgreich im Vertrieb zu sein?

Ich arbeitete von 2000 bis 2007 in einem Unternehmen, das eine wechselhafte Geschichte durchlebte. Das Unternehmen, 1999 gegründet, bot zwei Dienstleistungen an.
Zum einen ging es um ein Internet-Verbraucherportal, auf dem Millionen von Nutzern
in mehr als 20 Ländern Meinungen über Produkte und Dienstleistungen veröffentlich-
ten. Zum anderen konnten diese Nutzer hinsichtlich ihrer Demografie und Interessen
vorselektiert und zu Online-Befragungen eingeladen werden. Nach etlichen Finanzie-
rungsrunden durch letztlich 25 Mio. € Venture Capital rutschte das Unternehmen in
eine schwierige Lage. Durch die Finanzierung wurde die Schaffung der leistungsstar-
ken Dienstleistungen möglich. Nun ging es darum, die Leistungen tatsächlich in bare
Münze zu wandeln. Das Personal wurde von 150 Mitarbeitern auf ca. 70 Mitarbeiter
reduziert. Ich wurde vom Entwickler und Marktforscher zusätzlich zum Vertriebler.
Zum Ende meiner dortigen Tätigkeit machte ich allein mit meinen Kunden mehrere
Millionen Euro Umsatz – meine Abteilung erwirtschaftete einen zweistelligen Millio-
nenbetrag. Insgesamt waren zum Zeitpunkt meines Ausstiegs etwa 500 Mitarbeiter in
mehreren Ländern beschäftigt. Welcher meiner Kollegen hatte die erfolgreichste Ver-
triebsstrategie? Wir unterschieden uns grundsätzlich voneinander. Hier nur ein paar
Typen als Beispiel:

- *Der Kumpel*: Hohe soziale Intelligenz. Ein umgänglicher Typ. Er war mit seinen
  Kunden viel unterwegs, auf Veranstaltungen oder zum Essen. Spezialisiert auf
  Großkunden hatte er Beziehungen, die eher Freundschaften als Geschäftskontakten
  glichen. Umsatz wurde durch soziale Beziehungen gesichert.
- *Der Raser*: Sehr energetisch. Wollte ein Kunde ein Angebot, so konnte er sich sicher
  sein, es in wenigen Minuten auf dem Tisch zu haben. Die Form war dabei nicht so
  wichtig. E-Mails hatten kein Betreff. Anhänge waren nicht angehängt und kamen
  zwei Sekunden mit der nächsten E-Mail. Das Angebot bestand manchmal einfach
  aus einem Satz ohne Ansprache. Umsatz wurde durch die schiere Menge von An-
  rufen und Angeboten erzeugt.
- *Der Kompetente*: Marktforschungs-Knowhow, intellektuell. Angebote waren durch-
  dacht und akkurat, hatten mehrere Optionen – auch welche, die zwar nicht ange-
  fragt, aber sinnvoll waren – und waren formell meist einwandfrei. Haupttreiber für
  Umsatz war Zuverlässigkeit.

Wer machte am meisten Umsatz? Das hing von anderen Faktoren ab, wie der Kunden-
zuteilung, aktuellen Entwicklungen am Markt usw., nicht jedoch vom Typ des Mitarbeiters. Alle waren wir kundenorientiert und engagiert. Jeder brachte darüber hinaus seine

persönlichen Stärken mit ein, die zwar unterschiedlich, aber dennoch erfolgreich eingesetzt wurden.

In diesen Jahren musste ich meine Ansichten mehrmals korrigieren. Aussagen wie
„Ich würde niemals ein Angebot annehmen, das so dahingeschmiert ist. Das ist unseriös und kann nicht funktionieren!" hatten sich als falsch erwiesen. Mein Respekt für
die von meiner völlig unterschiedlichen Herangehensweise wuchs von Jahr zu Jahr.

Das oben genannte Beispiel macht einige Punkte deutlich:

• Grundsätzlich brauchen wir bestimmte Kernkompetenzen, um unsere Arbeit zu tun.
• Darüber hinaus bringen Manager und Mitarbeiter unterschiedliche Stärkenkombinatio-
  nen mit, die sie erfolgreich einsetzen können.
• Eine klare Zuordnung dieser Stärken zu Berufsbildern ist vom konkreten Fall abhängig.

Für alle Stärken gilt auch, dass sie teilweise veranlagt und damit relativ stabil sind, zum
anderen aber verkümmern oder entwickelt werden können. Haben Sie eine perfekte Veranlagung zum Hürdenspringer, aber Ihre größte tägliche Herausforderung ist die Hürde,
vom Sofa zum Kühlschrank zu kommen, werden Sie Ihre veranlagte Sprungkraft wohl
nicht entwickeln können. Andererseits hat Veranlagung auch Grenzen. Es ist durchaus
möglich, mit nur 1,60 m Größe ein erfolgreicher Basketballspieler zu werden (Earl Boy-
kins ist mit 1,65 Körpergröße einer der kleinsten Spieler der NBA). Aber es ist sehr un-
wahrscheinlich und benötigt außerordentliches Talent.

Einer der erfolgreichsten Trainer der US-Basketballgeschichte ist John Wooden. Er
soll gesagt haben: „Talente sind zwar noch keine Sieggarantie, doch ohne Talente gibt es
keine Siegchance." Dieser Satz lässt sich leicht umkehren. Hartes Training ist zwar noch
keine Sieggarantie, doch ohne Training gibt es keine Siegchance. So ist Gelassenheit eine
Stärke, die Sie mehr oder weniger „von Hause aus" mitbringen, die jedoch auch bis zu
einem gewissen Grad optimiert werden kann.

Jeder bringt von klein auf Stärken mit sich. Man muss ja nicht so weit gehen wie Gerald
Hüther und Uli Hauser mit ihrem Buchtitel „Jedes Kind ist hochbegabt" [19]. Dennoch
hat jeder Mitarbeiter im Unternehmen ein spezifisches Set an Stärken. Eine der größten
Herausforderungen für Führungskräfte ist es, diese zu sehen und nutzen zu können.

Es gibt verschiedene Methoden, Stärken zu messen. Eine davon ist die etablierte und
gut untersuchte Methode der Positiven Psychologie. Peterson und Seligman [20] führten
hierzu einige Untersuchungen durch und analysierten weitere Arbeiten. Sie präsentieren
24 Charakterstärken, die Ihrer Meinung nach international übergreifend zentral für die
Entwicklung und Leistungsfähigkeit der Menschen sind. Jede Charakterstärke ist nach
ihrem Schema einer Tugend zugehörig. Die Stärken stellen verschiedene Wege dar, wie
die Tugend gelebt werden kann (Tab. 5.2).

Es gibt unterschiedliche Varianten und Zusammenstellungen zum Thema Stärken.
Einer der Gründe für die Auswahl der Positiven Psychologie ist die Messbarkeit. Unter
www.charakterstaerken.org können Sie Ihre Stärken mittels eines Online-Fragebogens

**Tab. 5.2** Charakterstärken. (Nach Peterson und Seligman [20]; Ruch und Proyer [21])

| Gerechtigkeit | Mäßigung | Menschlichkeit |
| --- | --- | --- |
| Fairness | Bescheidenheit | Freundlichkeit |
| Führungsvermögen | Besonnenheit | Liebesfähigkeit |
| Teamfähigkeit | Selbstregulation | Soziale Kompetenz |
| | Vergebensbereitschaft | |
| Mut | Transzendenz | Weisheit und Wissen |
| Ausdauer | Dankbarkeit | Kreativität |
| Ehrlichkeit | Hoffnung | Liebe zum Lernen |
| Tatendrang | Humor | Neugier |
| Tapferkeit | Sinn für das Schöne | Urteilsvermögen |
| | Spiritualität | Weitsicht |

selbst testen. Die Seiten werden von der Fachrichtung Persönlichkeitspsychologie und Diagnostik des Psychologischen Instituts der Universität Zürich betrieben. Die Nutzung der Seiten ist kostenfrei (Stand 2014).

## 5.5.4   Flow

Mihaly Csikszentmihalyi ist durch die Wiederentdeckung eines Bewusstseinszustandes bekannt geworden. Ein Zustand, in dem Sie sich häufig befinden, ohne es bewusst wahrzunehmen. Die Zeit vergeht unbemerkt, Sie sind voll und ganz bei der Sache. Alles, was Sie für die Zielerreichung brauchen, wird klarer. Sie erreichen etwas, das Sie anschließend stolz und/oder zufrieden macht. Dieser Zustand ist in den letzten 20 Jahren unter dem Begriff „Flow" populär geworden.

Mihaly Csikszentmihalyi (sein Familienname wird übrigens in etwa ausgesprochen wie: „Chick send me high") bezeichnet Flow als „optimale Erfahrung" oder „Ordnung im Bewusstsein" [22, S. 61].

In der einen oder anderen Situation haben Sie das sicher auch schon erlebt:

* Natur: Wenn Sie mit Freunden oder allein durch die Natur streifen oder an einem angenehmen Ort mit einer herrlichen Aussicht auf einen See, das Meer, die Berge oder ein Tal blickten. Sie waren eins mit der Natur, geborgen, verbunden, versöhnt. Anschließend fühlten Sie sich entspannt.
* Freunde: Wenn Sie eine nette Runde mit Menschen verbringen, mit anregenden Gesprächen und Gelächter. Sie sehen irgendwann auf die Uhr und können nicht glauben, dass es schon so spät ist. Es war ein schöner Abend/Tag, an den Sie gerne zurückdenken.
* Sport: Sie waren Klettern, Fahrradfahren, Schwimmen, Ballspielen oder Ähnliches. Es war anstrengend und schweißtreibend. Sie haben Ihr Ziel erreicht und fühlen sich gut nach Ihrer Leistung.

- Bildende Kunst: Sie malen ein Bild. Vielleicht haben Sie schon einige Zeit versucht, es fertig zu stellen. Es wollte bisher irgendwie nicht gelingen. Sie haben immer wieder damit gekämpft. Aber eines Tages „platzt der Knoten". Das Bild malt sich scheinbar von selbst. Um 4 Uhr morgens sehen Sie sich Ihr Werk an und sind zutiefst zufrieden.
- Musik: Sie haben allein oder mit anderen musiziert oder gesungen. Diesmal waren Sie (mal wieder) richtig gut. Sie sind in der Musik versunken. Sie fühlten sich, als wären Sie in Musik eingebettet, als würden Sie darin schwimmen.
- Arbeit: Sie haben eine optimale Leistung abgeliefert. Eine Aufgabe, die anspruchsvoll war. Und Sie haben all Ihre Fähigkeiten eingesetzt. Es war anstrengend und dennoch fühlen Sie sich nur leicht erschöpft, aber auch irgendwie energetisch. So macht Arbeit Spaß.

Sicherlich fallen Ihnen noch andere Beispiele ein. Die Auslöser für Flow sind so verschieden wie die Menschen verschieden sind.

Als Grundbedingungen für Flow nennt Csikszentmihalyi die Kombination aus hohen Anforderungen und hohen eigenen Fähigkeiten.

Flow hat demnach immer mit der erfolgreichen Nutzung eigener Fähigkeiten zu tun. Aus der Grafik Abb. 2.1 wird auch klar, was in diesem Sinne kein Flow ist. So ist Fernsehen in der Regel keine Herausforderung, die hohe intellektuelle Fähigkeiten, Training oder Überwindung benötigt, um bewältigt zu werden. Sind die Herausforderungen gering und die eigenen Fähigkeiten ebenfalls, kann oftmals Apathie beobachtet werden. Sind die Fähigkeiten hoch, aber die Aufgabe zu einfach, kommt es häufig zu Langeweile etc.

Während eines Flow-Moments muss man nicht glücklich sein. Der Kletterer in der Steilwand ist voll und ganz auf seine Tätigkeit fixiert. Jeder Griff muss sitzen. Das Bewusstsein ist auf die eigentliche Tätigkeit gerichtet. Das eigene Befinden (ob gut oder schlecht) rückt für den Moment in den Hintergrund. Erst, wenn er oben angekommen ist und bewusst wahrnimmt, was er geleistet hat, ist er glücklich, zufrieden, stolz.

Im Allgemeinen würden wir erwarten, dass Flow-Momente vor allem in der Freizeit auftauchen. Das Arbeitsleben erinnern wir häufig als anstrengend und in der Gesamtbilanz als eher unangenehm. In einer Studie (Csikszentmihalyi [22, S. 209–210]) wurden über hundert meist ganztags beschäftigte Männer und Frauen über einen Zeitraum von einer Woche untersucht. Die verwendete Methode nennt sich ESM (experience-sampling-method). Dabei tragen die Teilnehmer einen elektronischen Empfänger mit sich. Im Laufe eines Tages gibt das Gerät in unregelmäßigen Abständen einen Ton von sich (mittlerweile werden statt dieser Methode Smartphone Apps eingesetzt). Die Teilnehmer tragen dann in einen Fragebogen auf einer Zehnerskala ein, wie viele Herausforderungen sie in diesem Moment erkennen, wie viele Fähigkeiten sie ihrer Meinung nach genutzt haben und wie sie sich fühlen. Wenn die Anzahl der Herausforderungen und Fähigkeiten überdurchschnittlich hoch war, wurde die Eingabe als Flow identifiziert. Es wurden auf diese Weise 4800 Reaktionen festgehalten. 33 % davon wurden als Flow-Zustand identifiziert. Den Forschern ist durchaus bewusst, dass dieser hohe Anteil durch die sehr großzügige Definition von Flow-Momenten entstand. Und hier das für die Forscher überraschende Ergebnis:

54 % der Reaktionen bei der Arbeit wurden als Flow erkannt. In der Freizeit waren es lediglich 18 %. Genau andersherum sahen dementsprechend die Zahlen für Apathie aus, in denen sich Menschen eher als gelangweilt, passiv oder unzufrieden bezeichnen: 16 % bei der Arbeit und 52 % in der Freizeit. Manager waren dabei häufiger im Flow (64 %) als Angestellte (51 %) und Arbeiter (47 %).

Zum einen hat das deutliche Auswirkungen auf die emotionale Lage bei der Arbeit: „Immer wenn sie sich im *flow* befanden … beurteilten sie die Situation als viel positiver verglichen mit der übrigen Zeit. Wenn sowohl die Herausforderungen groß und der Einsatz stark waren, fühlten sie sich glücklicher, fröhlicher, stärker, aktiver, konzentrierter, kreativer und zufriedener. All diese Unterschiede in der Qualität der Erfahrung waren statistisch eindeutig und trafen mehr oder minder auf jede Art von Arbeit zu."

Wie passt das mit dem Gefühl zusammen, dass Arbeit unbefriedigender ist als Freizeit (was sich auch in der genannten Studie zeigte)? Es liegt wahrscheinlich am Bild, das wir von Arbeit haben. Es wird ja in einigen Studien nicht festgehalten, was tatsächlich geschehen ist, sondern an welche Tätigkeiten und Gefühle sich die Teilnehmer erinnern. Das negative Image kann diese Erinnerung verzerren, so dass wir uns im Nachhinein bestätigen, dass Arbeit nicht so interessant sei.

Wir brauchen ein neues Bewusstsein für Arbeit. Wir brauchen das Gefühl, dass Arbeit ein wichtiger und sinnstiftender Teil unseres Lebens ist. Bei Spitzenkräften in Unternehmen und bei vielen Selbstständigen kann man dies bereits beobachten. Wie Sie das in Ihrem Unternehmen weiter fördern können, sehen Sie in Abschn. 6.3.2.1.

### 5.5.5   Broaden and Build Theory

Barbara Fredrickson ist Professorin für Psychologie an der University of North Carolina. Ihre Broaden and Build Theory brachte ihr einige Auszeichnungen ein.

Der „*Broaden*"-Aspekt ihrer Theorie beleuchtet, wozu positive Gefühle überhaupt gut sind. Einleuchtend wird es am kompletten Gegenteil: Sicherlich haben Sie schon den bekannten Tunnelblick erlebt. Sie sind verärgert und sehen als Ausweg nur wenige Möglichkeiten. Mit viel Energie und Aufruhr setzen Sie Ihren Willen durch. Erst, nachdem sich die Gemüter wieder beruhigt haben, sehen Sie, dass es noch andere Möglichkeiten gab, die sogar recht offensichtlich waren. Die Verengung des Blicks auf wenige oder gar nur eine Alternative ist evolutionsbiologisch sicher sinnvoll. Wenn es im Zimmer brennt, muss es Sie nicht interessieren, ob draußen gutes Wetter ist. Es geht in diesem Moment darum, eine Tür zum Flüchten zu finden. Eine schnelle Entscheidung ist überlebenswichtig – auch, wenn andere Optionen vielleicht sinnvoller gewesen wären, wie eine andere Tür vielleicht, oder der Feuerlöscher in der Ecke zum Löschen des Brandes. Somit sind negative Gefühle nur dem Gefühl nach negativ. Sie können eine durchaus positive Aufgabe haben. Zorn kann Ihnen Energie geben, unangenehme Situationen zu verändern. Angst kann Sie vor Gefahren bewahren. Mit Trauer verabschieden Sie sich von einem geliebten Menschen. Positive Emotionen wie Freude, Dankbarkeit, Stolz, Heiterkeit haben ebenfalls Aufgaben, sie sollen soziale Beziehungen festigen oder uns neue Möglichkeiten spielerisch ausprobieren lassen.

Barbara Fredrickson [23] stellte in einer Reihe von Studien eine interessante Aufgabe positiver Gefühle fest. „Gute" Gefühle erweitern das Blickfeld, während negative die Sicht verengen. Wenn Sie in guter Stimmung sind, werden Ihnen mehr Dinge einfallen, die Sie tun können, als wenn Sie schlechter Laune sind. Wenn ein Team in guter Stimmung ist, werden in einem Brainstorming mehr und lösungsorientiertere Optionen aufgezählt. Wenn ein Entwicklungsteam guter Stimmung ist, wird es kreativere Produkte entwickeln können. Wenn Sie optimistisch sind, werden Sie in Verhandlungen eher zu einem gemeinsam akzeptierten Ergebnis kommen. Zudem macht die Arbeit dann schlichtweg mehr Spaß – was sich ja, wie wir gesehen haben, positiv auf die Gesundheit und Leistungsfähigkeit auswirkt.

Hier zusammenfassend eine Auswahl von Vorteilen positiver Emotionen:

*   Erkennen von Optionen und Zusammenhängen
*   Besser lernen, entscheiden, verhandeln
*   Teamwork verbessern
*   Effizienteres und müheloseres Arbeiten
*   Widerstandsfähigkeit bei Krisen erhöhen

Wenn Sie also einen vorgegebenen Weg durchdrücken müssen oder ein bestimmtes unerwünschtes Verhalten radikal unterbinden möchten, können negative Emotionen hilfreich sein. Wenn Sie hingegen Kollegen und Mitarbeiter brauchen, die gute Verträge aushandeln, gute soziale Beziehungen herstellen oder kreative Lösungen finden, dann sollten Sie mit positiven Gefühlen arbeiten.

Der zweite Bereich „*Build*" bezieht sich auf das Aufbauen von Ressourcen. Angewandt auf den Körper ist das mehr als einleuchtend: Stellen Sie sich einen Menschen vor, dessen Hobby es ist, Chips vor dem Fernseher zu essen, der schwer übergewichtig ist und sich üblicherweise wenig bewegt. Wenn diese Person das erste Mal seit langem in ein eineinhalbstündiges Sporttraining geht, wird sie wahrscheinlich zu einer Erkenntnis kommen: „Wusste ich doch, dass Sport Mord ist". Die Glieder werden wehtun, das Training war sicherlich schrecklich anstrengend und mühsam. Erst, wenn diese Person auf einem einfachen Niveau anfängt, sich langsam steigert und regelmäßig trainiert, wird es zu einem angenehmen Erlebnis werden. Dann kann man sich auch einmal zwei Wochen ohne Training „leisten", ohne abzubauen. Die Fitness bleibt dennoch erhalten. So verhält es sich nach Barbara Fredrickson auch mit den Ressourcen aus positiven Gefühlen. Sie müssen langfristig aufgebaut und weiter trainiert werden.

Dabei wird die Forscherin im Verhältnis zu anderen psychologischen Theorien ungewöhnlich konkret. Sie sollten positive und negative Emotionen in das Verhältnis von 3:1 bringen. Um das besser einordnen zu können, bitte ich Sie, im Kopf folgendes Experiment nachzuvollziehen. Sie werden von einem Forschungsteam gebeten, sich in regelmäßigen Abständen ein paar Minuten Zeit zu nehmen. Sie schreiben auf, was Sie in den letzten Stunden getan haben und welche Gefühle Sie dabei hatten. Dazu steht Ihnen als Unterstützung eine Liste mit negativen Emotionen (wie Wut, Verachtung, Hass, Furcht oder Stress) und positiven Emotionen (wie Anerkennung, Bewunderung, Zuversicht, Vertrauen oder Vergnügen). Diese zählen Sie dann nach einem bestimmten Verfahren aus.

Wenn Sie viele Menschen fragen, welches Verhältnis von positiven zu negativen Emotionen denn „normal" sei, werden Sie viele unterschiedliche Einschätzungen erhalten. Häufig wird Ihnen gesagt werden: so fifty-fifty – also ein Verhältnis von 1:1. Glücklicherweise ist das eine Fehleinschätzung. Negative Gefühle werden in der Regel überbewertet. Würde diese Schätzung über einen längeren Zeitraum tatsächlich zutreffen, wäre das ein schlechtes Zeichen. Ein solches Verhältnis oder schlechter wird von Personen berichtet, die depressive Stimmungen erleiden. Arbeitsteams mit 1:1 sind nur selten in der Lage, Krisen zu bewältigen.

Ein Verhältnis von 2:1 ist eher der Durchschnitt. Und ab einem langfristig bestehenden 3:1 kann man der Theorie folgend von Ressourcenaufbau und nachhaltiger Leistungsfähigkeit sprechen. Fredrickson nennt Studien von Losada, bei denen die Zusammenarbeit von Teams untersucht wurde. Dabei saßen die Forscher hinter einer einseitig verglasten Trennwand, so dass die Teams im angrenzenden Meeting-Raum diese nicht sehen konnten. Die Forscher zeichneten alle emotionalen Impulse auf. Das konnten körperliche Aspekte sein (Nicken, Lächeln oder entsprechend Abwenden, Grimassen) oder verbale Äußerungen. Die Top-Performer unter den Teams kamen auf ein Verhältnis von 6:1 – also sechsmal mehr positive Impulse als negative. Der Forscher Gottman [24] kommt in stabilen partnerschaftlichen Beziehungen auf ein Verhältnis von mindestens 5:1.

Für den Arbeitsalltag sind die Erkenntnisse aus der Broaden and Build Theory mehr als interessant. Die heutige wirtschaftliche Situation ist geprägt von sich immer schneller abwechselnden Krisen. Patentrezepte gibt es so gut wie gar nicht mehr. Mitarbeiter und Führungskräfte müssen widerstandsfähig sein und kreative Lösungen für die immer wieder veränderten Herausforderungen finden. Dies ist nur mit einem starken Anteil von positiven Emotionen möglich. Wie man das in der Praxis herstellen kann, sehen Sie in Kap. 6.

## 5.6 Positive Werte

**Positiv** Positiv für ein Unternehmen ist, was im Sinne der Führung, Belegschaft und Kunden hinsichtlich Haltung, Verhalten und Strukturen als positiv gesehen wird und dem Erhalt und Wachstum des Unternehmens dient.

Es gibt viele Wege zu diesem Ziel. Daher sind darüber hinaus positive Werte diejenigen, welche von der Mehrheit der Beteiligten als positiv empfunden und gelebt werden. Diese Definition ist erst einmal völlig offen. Vielleicht sind Sie der Meinung, dass es vor allem darum geht, möglichst schnell Geld zu verdienen, wobei Arbeitskräfte dazu da sind, einfach Ihren Job zu machen und der Film „The Wolf of Wall Street" dient Ihnen als Vorbild. Vielleicht finden Sie dieses Beispiel eher unangenehm, da Sie lieber in einem Unternehmen arbeiten wollen, in dem man wertschätzend miteinander umgeht. Keine der beiden skizzierten Seiten kann von einem neutralen Beobachter als positiver oder negativer bezeichnet werden.

**Tab. 5.3**  Unternehmenswertmodelle

| Unternehmen 1 | Unternehmen 2 |
|---|---|
| Kreative Mitarbeiter | Dienst nach Vorschrift |
| Identifikation mit dem Unternehmen | Austauschbarkeit |
| Langfristige Bindung | Hohe Fluktuation |
| Wertschätzung | Nutzenorientierung |
| Soziale Unterstützung | Einzelkämpfer |
| Optimismus | Pessimismus |
| Gesunde Kollegen | Ungesunde Arbeitsbedingungen |
| Emotionale und soziale Kompetenz | Reine Fachorientierung |
| Achtsamkeit | Selbstzentrierung |
| Gleichberechtigung | Hierarchiedenken |
| Nachhaltigkeit | Kurzfristigkeit |
| Ganzheitlichkeit | Fokus auf Einzelteile |
| Mitarbeiter motivieren sich selbst | Mitarbeiter werden angetrieben |

Stellen Sie sich die unmittelbare Zukunft Ihres Unternehmens oder Ihrer Abteilung vor. In welche Richtung soll Ihr Unternehmen oder Ihre Abteilung gestärkt werden? Sehen Sie sich Tab. 5.3 an und schätzen Sie ein, welches Unternehmen Ihren persönlichen Unternehmenszielen am nächsten kommt. Eher Unternehmen 1 oder eher Unternehmen 2?

Da Sie bis hierher im Buch gekommen sind, werden Sie in Tab. 5.3 wahrscheinlich Unternehmen 1 gewählt haben. Allerdings ist es durchaus möglich, sich für bestimmte Situationen eher für Unternehmen 2 zu entscheiden. Es gibt einige Branchen oder Überlebensphasen, in denen langfristige Mitarbeiterbindung keine oder nur eine geringe Rolle spielt. Dies gilt ebenfalls für alle anderen dargestellten Werte. Sollten sich Ihr Unternehmen oder Ihre Abteilung in einer solchen Branche oder Phase befinden, wird dieses Buch Ihnen leider nur wenige Anregungen geben können. Positive Interventionen helfen Ihnen vor allem in Fällen weiter, in denen Sie die Wertegruppe von Unternehmen 1 als erstrebenswerter sehen.

Für jedes Unternehmen muss ein Wertesystem erstellt werden, um sagen zu können, was positiv ist. Dieses Wertesystem muss von verschiedenen Seiten unterstützt werden:

• Top-Management
• Mittlerem Management
• Arbeitnehmern
• Kunden
• Strukturen und verfügbaren Ressourcen

Wie Sie praktisch ein Wertesystem erstellen oder überprüfen, sehen Sie in Abschn. 6.3.6.

## 5.7   Innere Landkarte

**Innere Landkarte**   Die innere Landkarte ist hier die individuelle Repräsentation der Welt. Sie besteht aus generalisierter Erfahrung.

Ihre innere Landkarte überschneidet sich teilweise mit inneren Landkarten anderer Lebewesen, was Kommunikation erst möglich macht. In weiten Teilen ist sie jedoch einzigartig, unterscheidet sich von der inneren Landkarte jedes anderen Lebewesens. Stellen Sie sich vor, Sie würden die Weltkarte mit allen Kontinenten und Küstenlinien aus dem Gedächtnis aufzeichnen. Andere Personen Ihrer Umgebung würden das Gleiche tun. Es ist anzunehmen, dass die Umrisse des Kontinents, auf dem Sie leben, große Ähnlichkeit mit denen der anderen Karten hätten. Für Europäer hieße das, dass Italien so ungefähr an der gleichen Stelle läge und auch die Stiefel-Form wäre zumindest erkennbar. Andererseits gäbe es einige Unterschiede. Wenn man auf den gezeichneten Karten die Küstenlinien von Asien vergliche, wären sicherlich große Unterschiede zu erkennen. Teilabschnitte sähen wahrscheinlich ganz anders aus, wären gar nicht mehr miteinander vergleichbar. Probieren Sie es aus, wenn Sie Spaß daran haben.

Unterschiedliche Landkarten haben einen starken Einfluss auf unser Leben. Das fängt bei der *Wahrnehmung* an. Kennen Sie den Satz: „Das war aber ganz anders!" Wahrnehmung und die Erinnerung an Wahrgenommenes kann sich zwischen verschiedenen Personen stark unterscheiden. Bei Zeugenaussagen vor Gericht kann das erhebliche Folgen haben. Wie sah der Täter aus? Wie schnell ist der Wagen gefahren? Was wurde in den Vorgesprächen eines Geschäftsabschlusses besprochen? Im Geschäftsalltag kann das auch passieren. Was wurde im Teammeeting beschlossen? Was hat der Vorgesetzte für Anweisungen gegeben?

Auf *emotionaler* Ebene begegnet uns die innere Landkarte häufig. Haben Sie sich schon einmal gefragt, warum Ihr Gegenüber jetzt so beleidigt auf das Gesagte reagiert? War doch gar nicht so so gemeint. Oder kann Ihr Gegenüber nicht verstehen, wie beleidigend das ist, was er oder sie gerade gesagt hat? Wie kann er/sie so ignorant und unsensibel sein? Ursache ist jeweils die unterschiedliche innere Landkarte.

Auf der Werte-Ebene können wir mit sehr unterschiedlichen Landkarten unterwegs sein. Darf ich mich in das Leben meines Kollegen einmischen? Er mag mit seinem Verhalten zwar gegen kein Gesetz verstoßen haben, aber er schlägt doch ganz offensichtlich einen falschen Weg ein. Da ist es geradezu meine Pflicht einzuschreiten. Kennen Sie diesen oder ähnliche Gedanken?

Dass Ihre innere Landkarte sich von denen der anderen Menschen unterscheidet, ist gut so. Es ist Teil Ihrer Identität und der Vielfalt des Lebens. Manchmal mag man sich eine Welt wünschen, auf denen es nur Kopien der eigenen Person gibt. Dann wäre vieles einfacher und „richtiger". Allerdings wären viele Dinge dann auch schwerer bis unmöglich: Weiterentwicklung in Bereichen, die Sie nicht interessieren, aber für wichtig halten oder auch die menschliche Fortpflanzung.

Leider sind innere Landkarten die Hauptursache für Kommunikationsprobleme und Streitigkeiten. Das Erkennen und der konstruktive Umgang mit inneren Landkarten entschärft Konflikte und führt zu mehr Produktivität. Ein Beispiel für die praktische Verbesserung finden Sie in Abschn. 6.3.2.2.

## 5.8  Positive Führung

Der besondere Ansatz von „Positiver Führung" im Sinne dieses Buches ergibt sich aus den Erkenntnissen der Positiven Psychologie (siehe Abschn. 5.5).

▶ **Führung** Führung kann definiert werden
- als intentionale Einflussnahme
- zum Erreichen von Zielen
- in sozialer Interaktion
(hierzu auch Rademacher [25])

Diese Aspekte decken sich mit Zielerreichung, Engagement und sozialen Beziehungen des PERMA-Ansatzes. Die Bezeichnung „Positive Führung" erweitert die obige Definition. Positive Führung orientiert sich zusätzlich:

- an Sinn und Werten (siehe Abschn. 5.6)
- und angestrebten positiven Gefühlen (zumindest im Verhältnis 3:1 zu negativen Gefühlen, siehe Abschn. 5.5.5)

Somit übernimmt die Führungskraft neben der reinen Zielerreichung noch die Aufgaben, ein produktives Betriebsklima und Sinnvermittlung der Tätigkeiten zu unterstützen. Die beiden Bereiche sind nicht unabhängig von der Zielerreichung. Es geht darum, die gegenwärtigen Herausforderungen (siehe Kap. 2) zu bewältigen (siehe Kap. 3). Um das zu erreichen, ist es notwendig, den Elefanten mit in die Unternehmensprozesse zu integrieren (siehe auch Abschn. 1.3), das heißt Werte und Emotionen bewusst zu managen.

Daniel Goleman ist einer der prominentesten Befürworter der emotionalen Intelligenz und der emotionalen Führung. In seinem Buch „Emotionale Führung" [26] stellt er sechs Führungsstile dar. „Befehlend", „Fordernd", Demokratisch", „Gefühlsorientiert", „Coachend" und „Visionär". Befehlend und Fordernd werden von ihm nur in besonderen Situationen empfohlen (wie Krisen oder bei Teams/Mitarbeitern, die bereits exzellent arbeiten). Die anderen vier Stile sind eher Mittel der Wahl für eine entwickelte Unternehmenskultur. Das deckt sich mit dem hier vorgestellten Ansatz.

Die Stile können durch das „Einmaleins der positiven Evolution" trainiert werden (siehe Abschn. 6.3). Dabei sind alle Ebenen für eine Führungskraft wichtig: Die Arbeit an einem selbst, die Beziehung zu Vorgesetzten, Kollegen und Mitarbeitern sowie die Ebene der Unternehmensstrukturen.

## 5.9  Motivation

Das Thema Motivation füllt ganze Bücherreihen. Hier kann zusammengefasst gesagt werden, dass Motivation den Antrieb gibt, Ziele zu erreichen. Dabei gibt es grundsätzlich drei Arten der Motivation, die Menschen zum Handeln antreiben:

- Aus Gewohnheit: Wir tun etwas, weil wir es eben automatisch tun.
  Es geht um Handlungen, die so oft eingeübt wurden, dass kein weiterer Antrieb notwendig ist.
- Streben nach Glück: Wir tun etwas, weil wir gute Gefühle erreichen möchten (dabei oder danach)
  Positive Gefühle entstehen im Berufsleben zum Beispiel durch Anerkennung, Stolz, Kontrolle, Verantwortung, Sicherheit.
- Vermeidung von Unglück: Wir tun etwas, weil wir negative Gefühle vermeiden oder den momentanen Zustand verteidigen wollen (dabei oder danach).
  Wir versuchen zum Beispiel Angst, Unsicherheit bei Arbeitsplatzverlust, sozialen Stress zu vermeiden oder verteidigen Status, Selbstwert, Freiheit.

Einen Sonderfall stellt Geld dar. Schon alleine stehend kann es gute Gefühle wie Stolz oder negative wie Neid erzeugen. Geld ist jedoch vor allem ein Tauschobjekt und kann als solches für alle möglichen und unmöglichen Dinge eingesetzt werden. Mit Geld als Hilfsmittel kann man Bedingungen für positive Gefühle herstellen, negative Gefühle vermeiden oder den aktuellen Status verteidigen. Dass Geld automatisch und langfristig motiviert, kann mittlerweile als falsch angesehen werden. Geld ist ein Tablett. Ist es leer, ist es in der Regel uninteressant. Ist etwas Leckeres darauf, erzeugt es Wirkung – ist es bei Motivation als Hilfsmittel beteiligt.

Jeder Mensch hat seinen eigenen Motivations-Cocktail, der sich im Laufe des Lebens durch veränderte Lebenssituationen und eigenem Lernen verändern kann. Es ist also wichtig, zu verstehen, wie wir „ticken". Was motiviert uns und wie können wir die Bedingungen herstellen, damit wir weiterhin motiviert bleiben?

Durch zahlreiche Studien ist bekannt, was im Allgemeinen Mitarbeit fördert oder was dazu führt, dass Mitarbeiter oder Führungskräfte wahrscheinlich unproduktiver werden oder sogar das Unternehmen verlassen.

Die Hay Group ließ [27] mehr als 18.000 Arbeitnehmer befragen. Auf die Frage nach den Hauptgründen für Kündigungen werden genannt: schlechtes Arbeitsklima, Job macht keinen Spaß, schlechte Führungskräfte (z. B. unfaire Behandlung oder unklare Zielvorgaben) und zu niedriges Gehalt. Hinzu kommen störende Verwaltungs- und Arbeitsprozesse.

Wichtige positive Motivatoren sind (z. B. nach Neuberger [28]) Erfolgserlebnisse, Anerkennung, Spaß bei der Arbeit und Verantwortungsgefühl.

Mitarbeiter und Führungskräfte sind auch bei der Arbeit Menschen. Daher gelten auch im Berufsleben die Grundpfeiler von Glück und Zufriedenheit. Nach dem PERMA-Ansatz (Abschn. 5.5.2) motivieren vor allem positive Gefühle, die Möglichkeit, Ziele zu erreichen, soziale Beziehungen und sinnvolle Tätigkeiten. Nach dem Ansatz der Salutogenese (Abschn. 5.4) müssten wir besonders gut arbeiten können, wenn wir unsere Arbeitstätigkeiten verstehen und handhaben können sowie sinnvoll finden. All dies deckt sich mit den praxisorientierten Befragungen über Arbeitsmotivation.

Die eigentlichen Beweggründe für unser Zielstreben können bewusst oder unbewusst ablaufen. Der Reiter kann eine wichtige Rolle spielen. Oft spricht man dann von Disziplin oder Leistungsmotivation. Sie nehmen sich bewusst und rational ein Ziel vor und ziehen es durch, egal, ob sie dafür Anerkennung erhalten oder ob Ihnen der Weg zum Ziel Spaß macht.

Meist, wenn es um Motivation geht, geht es um Elefanten-Arbeit, also um positive oder negative Gefühle sowie automatisiertes Handeln. Wie aus Abschn. 5.1 hervorgeht, haben wir keinen direkten Zugriff auf den Elefanten, müssen daher indirekt vorgehen. Ein Mitarbeiter kann nicht dazu gezwungen werden, Spaß bei der Arbeit zu haben. Aber es können Bedingungen geschaffen werden, damit er höchstwahrscheinlich Spaß hat. Wir können niemanden motivieren, sondern nur ein motivierendes Umfeld schaffen.

## Literatur

1. Esch T (2012) Die Neurobiologie des Glücks. Wie die Positive Psychologie die Medizin verändert. Georg Thieme Verlag, Stuttgart
2. Manfred Spitzer M (2007) Vom Sinn des Lebens: Wege statt Werke. Schattauer Verlag, Stuttgart
3. Libet B (2005) Mind Time. Wie das Gehirn Bewusstsein produziert. Suhrkamp-Verlag, Frankfurt a. M.
4. Soon CS, Brass M, Heinze H-J, Haynes J-D (2008) Nat Neurosci 11:543–545
5. Myers DG (2008) Psychologie. Springer Medizin Verlag, Heidelberg
6. Kahneman D (2012) Schnelles Denken, langsames Denken, 22. Aufl. Siedler Verlag, München
7. Grawe K (2000) Psychologische Therapie. Hogrefe, Göttingen
8. Ruckriegel K, Niklewski G, Haupt A (2014) Gesundes Führen mit Erkenntnissen der Glückforschung. Haufe-Lexware, Freiburg
9. Schirrmacher F (2013) Ego – das Spiel des Lebens. Karl Blessing Verlag, München
10. Thaler RH, Sunstein CR (2009) Nudge – Wie man kluge Entscheidungen anstößt. Ullstein Taschenbuch, Berlin
11. Ariely D (2008) Denken hilft zwar, nützt aber nichts: Warum wir immer wieder unvernünftige Entscheidungen treffen. Droemer Taschenbuch, München
12. Asmussen J (2014) Vortrag bei der Handelsblatt-Konferenz „Ökonomie neu denken" am 26.2.2014 in Frankfurt(Handelsblatt vom 27.2.2014, S. 30 f.)
13. Ruckriegel K (2014) Bundesverfassungsgericht versus EZB/Eurosystem – zur Frage der Effizienz von Finanzmärkten, Technische Hochschule Nürnberg Georg Simon Ohm, Sonderdruck Nr. 56, März 2014 (www.ruckriegel.org)
14. Görgens E, Ruckriegel K, Seitz F (2014) Europäische Geldpolitik, 6. Aufl. Uni Taschenbücher Verlag, Konstanz
15. Fullbrook E (2013) Gastkommentar im Handelsblatt vom 10. April 2013
16. Seligman M, Csikszentmihalyi M (2000) Positive psychology: an introduction. Am Psychol 55:5–14
17. Maslow AH (1999) Motivation und Persönlichkeit. Dt. von Kruntorad P. Rowohlt, Reinbek

18. Werner EE, Smith RS (1989) Vulnerable but Invincible: A longitudinal study of resilient children and youth. Taschenbuch, Adams Bannister Cox Pubs, New York

19. Hüther G, Hauser U (2012) Jedes Kind ist hoch begabt: Die angeborenen Talente unserer Kinder und was wir aus ihnen machen. Albrecht Knaus Verlag, München

20. Peterson C, Seligman, M EP (2004) Character strengths and virtues. A handbook and classification. APA Press and Oxford University Press, Washington, DC

21. Ruch W, Proyer RT (2011) Positive Interventionen: Stärkenorientierte Ansätze. In: Frank R (Hrsg) Therapieziel Wohlbefinden. Ressourcen aktivieren in der Psychotherapie. Springer, Heidelberg, S 83–92

22. Csikszentmihalyi M (1992) FLOW: Das Geheimnis des Glücks. Klett-Cotta, Stuttgart

23. Fredrickson B (2011) Die Macht der guten Gefühle. Campus Verlag, Frankfurt a. M.

24. Gottman J (2002) Die 7 Geheimnisse der glücklichen Ehe. Ullstein, Berlin

25. Rademacher U (2014) Leichter führen und besser entscheiden: Psychologie für Manager. Springer Gabler Verlag, Wiesbaden

26. Goleman D, Boyatzis R, McKee A (2007) Emotionale Führung, 5. Aufl. Ullstein Verlag, Berlin

27. HayGroup (2012) Mitarbeiter sind käuflich, ihre Motivation nicht – Ergebnisse einer aktuellen Studie zur Mitarbeitermotivation. http://www.haygroup.com/downloads/de/Mitarbeiter_sind_kauflich_Ihre_Motivation_nicht.pdf. Zugegriffen: 30. April 2015

28. Neuberger O (1985) Arbeitszufriedenheit: Kraft durch Freude oder Euphorie im Unglück? Betriebswirtschaft 45:184–206

# Praktische Umsetzung

**6**

**Zusammenfassung**

Um positive Interventionen wirkungsvoll einzusetzen, ist es sinnvoll, sie in ein Gesamt-konzept einzubinden. Jede authentisch eingeführte Positive Intervention hat zwar bereits kurzfristige positive Effekte (Kap. 3). Langfristig bleibt sie jedoch ein Tropfen auf den heißen Stein. Ziel von Positiven Interventionen ist es, Elefant und Reiter (Kap. 1) so zu schulen, dass sie auch langfristig leistungsfähig bleiben. Dabei arbeitet der Praxisansatz nach den gleichen theoretischen Grundlagen, die oben beschrieben wurden (Kap. 5): Mit Zielorientierung, Engagement, sozialen Beziehungen, positiven Gefühlen und Sinn-vermittlung. Ressourcen werden nur dann bereitgestellt, wenn eine Abteilung oder die Unternehmensspitze einen Mehrwert in der „positiven Evolution der Unternehmenskul-tur" sieht. Das fängt bereits in der Vorbereitungsphase an (Abschn. 6.1), die ein grund-sätzliches Einverständnis aller Beteiligten zum Ziel hat. Die Phasen „Ausgangssituation erfassen" (Abschn. 6.2) und „Zieldefinition" (Abschn. 6.1.3) können auch in umgekehr-ter Reihenfolge verlaufen, je nach Erkenntnisstand im Unternehmen. Die Ausgangssitu-ation ist zum Beispiel die durch eine Befragung festgestellte momentane Zufriedenheit der Mitarbeiter. Ziele könnten in der verbesserte Teamfähigkeit oder stärkeren Ziel-orientierung bestehen. Aus dem gesetzten Ziel geht die Wahl der Interventionen hervor (Abschn. 6.3), deren Effekt danach evaluiert wird (Abschn. 6.4). Das Ergebnis wird mit dem Gesamtkonzept verglichen. Daraus ergibt sich das weitere Vorgehen Abschn. 6.5).

## 6.1 Vorbereitung

Vielleicht kennen Sie die Situation: Herr Maier, Abteilungsleiter Vertrieb, hat ein Seminar zur Verbesserung des Betriebsklimas besucht, das ihn voll und ganz überzeugt hat. Nun soll in seiner Abteilung alles besser werden. Von heute auf morgen werden die Mitarbeiter

© Springer Fachmedien Wiesbaden 2016  
D. Dallwitz-Wegner, *Unternehmen positiv gestalten,* DOI 10.1007/978-3-658-05040-5_6

mit neuen Regeln und Anforderungen konfrontiert, die den gegenseitigen Umgang verbessern sollen. Schließlich hat Herr Maier im Seminar erfahren, dass diese Maßnahmen wirksam sind. Herr Maier erwartet nun dankbare Mitarbeiter und Chefs. Schließlich ist das, was er tut, zum Besten aller Beteiligter. Er hat viel Mühe investiert, hat das Seminar besucht, die Ressourcen für die Veränderungen organisiert und alles in Gang gebracht.

Herr Maier wird jedoch von den Ergebnissen völlig überrascht. Statt Dankbarkeit erntet er Undankbarkeit. Statt Motivation erhält er für seine Mühen Demotivation. Die Mitarbeiter beschweren sich: „Es solle jetzt hier ja nur gute Stimmung gemacht werden, damit noch mehr Leistung herausgepresst werden kann". Die Leistung sinkt, die Vorgesetzten von Herrn Maier sind darüber überhaupt nicht glücklich und stoppen das Programm. Herr Maier wird so etwas wohl lange Zeit nicht mehr angehen.

Was ist falsch gelaufen? Herr Maier hat auf Reiter-Ebene vieles richtig gemacht. Er hat sich geschult und die anstehenden Veränderungen gut organisiert. Die Elefanten-Ebene hat er jedoch völlig vernachlässigt. Menschen sind nicht immer einfach so zu Veränderungen bereit – selbst wenn es gute Argumente dafür gibt. Dies benötigt eine geeignete Vorbereitung.

Die Vorbereitung hat vor allem zum Ziel, allen Beteiligten das Gefühl zu vermitteln, dass die anstehenden Veränderungen zu ihrem Vorteil sind. Dazu gehört die Überzeugung, dass Missstände in Zukunft behoben oder bessere Bedingungen erzeugt werden. Das braucht gegenseitiges Vertrauen von Managern und Mitarbeitern.

### 6.1.1  Aufruf zur Authentizität und Veränderungsbereitschaft

Den Mitarbeitern kann durch eine gute Vorbereitung authentisch vermittelt werden, dass Mitarbeiterzufriedenheit und ein positives Betriebsklima vom Unternehmen als wichtiger Faktor für Produktivität und Stabilität gesehen wird. Besteht kein Vertrauen in die Ehrlichkeit der Absichten oder den Effekt positiver Interventionen, reduziert das ihre Wirkung. Es könnte von den Mitarbeitern sogar unterstellt werden, dass hier „nur manipuliert" werden soll, um aktuelle Probleme zu überdecken oder die Mitarbeiter maximal auszunutzen. Vertrauen der Mitarbeiter und Führungskräfte wirkt dem entgegen und ist ein wichtiger Multiplikator des Erfolges der anschließenden Interventionen.

Eine Führungskraft sollte eine positive Evolution des Unternehmens oder der Abteilung nur dann starten, wenn sie es wirklich ernst meint. Es kann durchaus geschehen, dass in diesem Prozess auch unangenehme Missstände zur Sprache kommen – wie zum Beispiel der eigene Führungsstil. Aber auch das kann ein Meilenstein zu einem positiveren Unternehmen sein, sofern alle Beteiligten zu Veränderungen bereit sind.

### 6.1.2  Vorschläge für die Vorbereitungsphase

Idealerweise sollten sich Führungskräfte mit der Optimierung der eigenen Persönlichkeit und dem eigenen Führungsverhalten beschäftigen. Dies kann natürlich erhofft, aber nicht unbedingt erwartet werden. Daher ist es zumindest notwendig, die Führungsmannschaft (auf Reiter-Ebene) mit guten Argumenten für eine Veränderung zu versorgen.

Von der Unternehmensgröße, aber vor allem vom Zielumfang der geplanten Maßnahmen hängt ab, welche Interessengruppen mit einbezogen werden sollten. Geht es um die Verbesserung der Arbeitsleistung einer Abteilung oder soll das Betriebsklima des Unternehmens verbessert werden? Je nach Anforderung und Möglichkeit ist es sinnvoll oder sogar gesetzlich vorgegeben, den Betriebsrat, die Leitung des Betrieblichen Gesundheitsmanagements oder betriebsinterne Sozialberater zu involvieren. Die Integration kann durch Meinungsführer im Unternehmen oder durch externe Experten im Einzel- oder Gruppengespräch unterstützt werden.

In Gesprächen sollten auch die gegenseitigen Erwartungen geklärt werden. Zum einen sollte Klarheit über das eigentliche Ziel und die Vorgehensweise erreicht werden. Andererseits ist es eine notwendige Bedingung, dass Themen, die die Mitarbeiter bei der Ausgangsmessung (Abschn. 6.2) zu Tage fördern, auch wirklich angegangen werden. Eine Liste geeigneter Fragen für das Vorbereitungsgespräch finden Sie im Anhang A.1.

Auf Mitarbeiterebene sind zum Beispiel Vorträge geeignet. Themen können sein: „Was Glück mit Wirtschaft zu tun hat", „Glück ist nicht (nur) zum Spaß da". Ein erster Schritt, Authentizität zu zeigen, ist es, diese Vorträge, wenn irgendwie möglich, während der Arbeitszeit stattfinden zu lassen. Die Investition wertvoller Arbeitszeit zeigt die Wertschätzung des Unternehmens. Hierzu könnten Sie mehrere Termine anbieten, um den laufenden Betrieb sicherzustellen.

Um einen ehrlichen Veränderungswillen zu zeigen, ist der frühzeitige Einbezug von Mitarbeitervertretern wie z. B. des Betriebsrates nützlich.

### 6.1.3 Erste Zieldefinition

Gemeinsam können grobe Ziele definiert werden. Hier einige Beispiele von Zielen, die die Evolution der Unternehmenskultur fördern:

- Wir möchten erfahren, wie hoch zurzeit die Mitarbeiterzufriedenheit in unserem Unternehmen ist.
- Wir möchten wissen, wie das Thema „Eigenverantwortung" in unserer Abteilung wahrgenommen wird und welche Ideen unsere Mitarbeiter haben, diese besser in den Arbeitsalltag zu integrieren.
- Wir möchten innerhalb von 6 Monaten das Betriebsklima in der Abteilung Finanzen um mindestens einen Punkt verbessern.

Diese erste Zieldefinition könnte noch etwas schwammig sein, da Sie ja erst durch die Messung der Ausgangssituation zu genaueren Einsichten kommen möchten. Oder das Ziel ist bereits konkret. In diesen Fällen sollten Ziele den SMARTen Kriterien entsprechen (siehe Abschn. 7.5). Ist das Ziel definiert, kann die Messung der Ausgangssituation durchgeführt werden.

## 6.2   Ausgangssituation messen

Die Messung von Einstellungen ist ein umfangreiches Themengebiet, mit dem sich unter anderem die Sozialwissenschaften und die Psychologie auseinandersetzen. Es ist im Rahmen dieses Buchs nicht möglich, das Thema Messung umfassend zu beleuchten. Dieses Kapitel vermittelt Ihnen jedoch einen Eindruck über die Möglichkeiten der Messung und liefert Ihnen einige konkrete Ansätze. Dabei gehen wir von der einfachsten Art der Befragung bis hin zu komplexeren Methoden.

Fangen wir also einfach an: Nehmen wir an, Sie möchten verschiedene Trainings anbieten – von Sprachkursen bis Fitness. Den Erfolg der Trainings befragen Sie halbjährig – z. B. ob sich das Business-English verbessert hat oder man sich fitter im Alltag und am Arbeitsplatz fühlt. Zusätzlich möchten Sie aber wissen, ob sich dadurch auch die Lebenszufriedenheit der Mitarbeiter insgesamt steigern ließ. Wie misst man das?

**All-in-one**
Ruut Veenhoven war Professor der Universität Rotterdam und ist Direktor der World Database of Happiness sowie Mitherausgeber des Journal of Happiness Studies. Er präferiert für die Abfrage von Lebenszufriedenheit eine einzige Frage:
*Wie zufrieden sind Sie derzeit alles in allem mit Ihrem Leben?*
*sehr unzufrieden 0 - 1 - 2 - 3 - 4 - 5 - 6 - 7 - 8 - 9 - 10 sehr zufrieden*
Als zusätzliche Erklärung zur Frage können Sie folgendes schreiben:
*Als Antwort können Sie einen Wert vergeben auf einer Skala von 0 bis 10. Wobei 0 „sehr unzufrieden" bedeutet und 10 „sehr zufrieden". Jeder Wert dazwischen kann ebenfalls ausgewählt werden.*
Diese Art der Befragung wird auch von Gallup oder dem Sozioökonomischen Panel eingesetzt.

**Zufriedenheit mit fünf Fragen**
Die All-in-One-Methode gibt zwar schon eine gute Orientierung, ist jedoch eindimensional. Wenn Sie bei den Befragten ein differenzierteres Bild von Zufriedenheit befragen möchten, können Sie die etwas umfangreichere Methode von Robert A. Emmons, Randy J. Larsen und Sharon Griffin einsetzen. Sie wurde erstmals 1985 veröffentlicht [1]. Sie besteht aus fünf Fragen, die verschiedene Aspekte der Zufriedenheit abdecken[1]:

- In den meisten Bereichen entspricht mein Leben meinen Idealvorstellungen.
- Meine Lebensbedingungen sind ausgezeichnet.
- Ich bin mit meinem Leben zufrieden.
- Bisher habe ich die wesentlichen Dinge erreicht, die ich mir für mein Leben wünsche.
- Wenn ich mein Leben noch einmal leben könnte, würde ich kaum etwas ändern.

---

[1] Hier eine Übersetzung von Glaesmer H, Grande G, Braehler E, Roth M (2011)

Die Antwort kann auf einer Skala abgegeben werden, diesmal von 7 = „stimme völlig zu"
bis 1 = „stimme überhaupt nicht zu".

## Faktoren der Zufriedenheit messen

Möchte man nicht einfach nur die Zufriedenheit gesamt, sondern verschiedene arbeits-
relevante Teilbereiche bewerten, stellt sich die Frage, welche die wichtigsten sind. Im
Rahmen dieses Buchs sind folgende Themen interessant zu erheben:

- Grundsätzliche Arbeitszufriedenheit (Elefant = Gefühlsebene, Reiter = kognitive Zu-
  friedenheit)
- Engagement bei der Arbeit
- Möglichkeit, (eigene) Ziele zu erreichen
- Verhältnis zwischen Führung und Mitarbeitern
- Sinnempfinden

Wenn Sie es sich einfach machen möchten und erst einmal zur Orientierung die Mitarbeiterzufriedenheit messen möchten, verwenden Sie am Besten die 12 Fragen von Gallup
(www.gallup.com).

Zudem gibt es komplexere Verfahren zur Messung von Zufriedenheit für verschiedene
Situationen. Sie können zum Beispiel die Kriterien, die in Abschn. 6.3.1 genannt sind,
einzeln abfragen.

Zusätzlich sollten noch der Bereich Prozesse/Verwaltung und die generellen Arbeitsbedingungen erfasst werden, da sie wichtige Hygienefaktoren darstellen gemäß der Zwei-
Faktoren-Theorie von Herzberg (siehe dazu Meyers [2]).

## Bestehende Fragebögen

Um Ihnen einen Eindruck der Messung zu vermitteln, können Sie bei den folgenden Quel-
len Zugang zu Fragebögen und Experten für die Erfassung der Mitarbeiterzufriedenheit
gewinnen:

- Beratungsinstitut Great-place-to-work
- Index Gute Arbeit vom Deutschen Gewerkschaftsbund
- Initiative neue Qualität der Arbeit (INQA)
- Oxford Happiness Test
- Q12 von Gallup (siehe Abschn. 3.5, Tab. 3.1)
- Und diverse Eigenkreationen von Marktforschungsunternehmen oder anderen Dienst-
  leistern
- Über Internetrecherche erhalten Sie schnell Zugang zu diesen Anbietern und/oder Fra-
  gebögen.

## Erhebungsmethoden

Je genauer Sie die Ausgangssituation messen, desto besser ist die Aussagekraft der Evaluation.

Wenn Sie sich für die Fragestellung entschieden haben, könnte die Frage auftauchen, über welchen Weg Sie die Fragen stellen wollen (in der Forschung spricht man hier von der „Erhebungsmethode").

Es gibt viele Möglichkeiten, die Ausgangssituation zu messen. Neben Einzelinterviews bieten sich Selbstausfüller (zum Beispiel ausgeteilte Papierfragebögen oder Online-Befragungen) an. Mittlerweile wird hauptsächlich mit Online-Umfragen gearbeitet. Sie haben den Vorteil, dass nahezu unbegrenzt viele Teilnehmer relativ preiswert befragt werden können, die Teilnehmer zu einer selbst bestimmten Zeit antworten und anonym bleiben können. Einzelinterviews haben den Vorteil, dass in komplexen Fällen ein besseres Verständnis der Antworten erreicht wird.

Als Erhebungsmethoden empfiehlt sich in vielen Fällen, eine externe und unabhängige Person einen anonymen Online-Fragebogen erstellen zu lassen. Mittlerweile gibt es zahlreiche Online-Plattformen, über die Fragebögen erstellt und auf einfache Weise ausgewertet werden können. Die Ergebnisse können Ihnen erste Hinweise geben, in welchen Bereichen es Steuerungsbedarf gibt.

Wenn Sie die Aussagekraft der Befragung erhöhen möchten, sollten Sie zwei Gruppen befragen: eine Gruppe, mit deren Mitgliedern Sie Positive Interventionen durchführen und eine Gruppe, die keine Interventionen mitmachen werden. Diese beiden Gruppen sollten eine möglichst gleiche Struktur hinsichtlich Alter, Geschlecht, Firmenzugehörigkeit und ähnlicher Eigenschaften aufweisen. Zum Beispiel werden aus einer einzelnen Gruppe per Zufall diejenigen gezogen, die die Interventionen mitmachen dürfen. Anschließend können Sie vergleichen, wie sich die Interventions-Gruppe verändert hat und wie sich die anderen ohne zusätzliche Trainings (man nennt diese Gruppe „Kontrollgruppe") verändert haben.

Damit sind Sie erst einmal gut gerüstet, um die Ausgangssituation zu messen. Sollten Sie detailliertere Fragen haben, ziehen Sie am besten einen Spezialisten hinzu, der Ihnen Hilfestellung für Ihre spezifische Fragestellung und Ausgangssituation geben kann.

**Abgleich mit erster Zieldefinition**
Nach der Messung der Ausgangssituation kann nochmals geprüft werden, ob das vorher gesetzte Ziel immer noch besteht oder angepasst werden muss.

## 6.3   Das Einmaleins der positiven Evolution

Nach der erfolgreichen Vorbereitung geht es nun darum, die geeigneten Interventionen zum Erreichen des Ziels zu finden.

Elefant und Reiter arbeiten im Business zusammen, obwohl wir vor allem den Reiter wahrnehmen (siehe Kap. 1). Die zu starke Fokussierung auf den Reiter erzeugt jedoch massive Probleme (siehe Kap. 2). Diesen können wir durch ein Umdenken und verändertes Verhalten begegnen (siehe Kap. 3). Um den Elefanten stärker in den beruflichen Alltag einzubringen, bedarf es positiver Erfahrungen. Alle Interventionen zielen darauf ab, diese neuen und positiven Erfahrungen zu erzeugen. Da es zum großen Teil „Elefanten-Techniken" sind, ist der Reiter von Zeit zu Zeit irritiert. Es braucht Überwindung, Mut und Lust am Neuen, sich anders als gewohnt zu verhalten. Aufgabe von Kap. 1 bis Kap. 5 war es, Ihren Reiter mit ins Boot zu holen. Jetzt geht es um die Praxis und darum, die Segel zu hissen. Je öfter Sie und Ihre Kollegen die unten aufgeführten Interventionen durchführen, desto leichter werden sie Ihnen fallen.

Viele der Übungen haben sich durch die Positive Psychologie als wirksam erwiesen, andere haben sich in der Praxis erfolgreich bewährt. Es wird darauf verzichtet, für jede einzelne Übung den wissenschaftlichen Nachweis der Wirksamkeit zu führen. Wie gesagt, jetzt ist in erster Linie der Elefant am Ruder.

### 6.3.1   Gesamtmodell des Einmaleins

Abbildung 6.1 zeigt alle zentralen Bestandteile der Interventionen einer positiven Evolution. Die Grafik integriert die Ebenen eines Unternehmens (Individuen, Gruppen, Führung und Organisation), an denen die positive Evolution mit den inhaltlichen Aspekten der positiven Veränderung (Engagement, positive soziale Beziehungen, Zielorientierung und Sinnhaftigkeit) ansetzen muss. Der Veränderungsprozess (egal, für welche Unternehmensebene oder Inhalte) läuft immer über die drei Phasen *Wahrnehmen, Steuern und Etablieren*. Zusätzlich sind die Ebenen und Inhalte so angeordnet, dass die unteren eher konkreter oder emotionaler Natur sind (Elefant), die oberen eher abstrakter oder intellektueller Natur (Reiter).

Nach dem systemischen Ansatz (Abschn. 5.3) sind die dort genannten Kategorien ohne klare Hierarchie und alle miteinander verbunden. Für ein Individuum ist Sinnhaftigkeit so wichtig wie für ein Unternehmen, Führungskräfte sind Individuen mit den entsprechenden Bedürfnissen, soziale Beziehungen beeinflussen Emotionen usw.

Die Grafik 6.1 dient als Übersicht, an der Sie jede Intervention festmachen können.

Jeder inhaltliche Aspekt besteht aus verschiedenen Fähigkeiten, für die es jeweils wirkungsvolle Interventionen gibt. Die richtige Zusammenstellung an Interventionen hängt von den vorherigen Phasen (Vorbereitung bis Zieldefinition) ab. In diesem Buch können unmöglich alle Situationen für jedes Unternehmen berücksichtigt werden. Um Ihnen dennoch eine konkrete Vorstellung von Art und Wirkung der Interventionen zu vermitteln,

**Abb. 6.1** Modell für eine positive Evolution

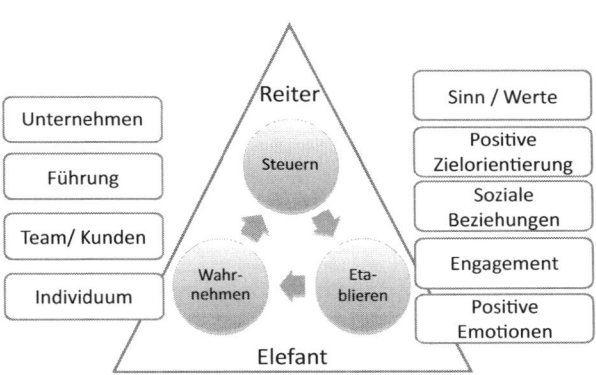

finden Sie in den folgenden Abschnitten unterschiedliche Beispiele, die Ihnen eine Orientierung und Ermutigung zur Umsetzung geben sollen.

Wenn Sie die Vorbereitung erfolgreich abgeschlossen haben, führt jede der Interventionen zu einem positiven Ergebnis. Je mehr die Interventionen in ein Gesamtkonzept eingebunden werden, die Phasen Wahrnehmung-Steuerung-Etablierung berücksichtigt werden, desto wirksamer werden sie.

---

**Das Einmaleins der positiven Evolution der Wirtschaft**

Eine positive Evolution

1. wird durch *ein* Modell vorangetrieben
2. berücksichtigt die *zwei* Persönlichkeitsanteile Elefant und Reiter
3. verändert sich durch die *drei* Phasen Wahrnehmung, Steuerung und Etablierung
4. auf den *vier* Ebenen Unternehmen, Führung, Kunden/Team, Mitarbeiter
5. für die *fünf* PERMA-Aspekte Sinn, Zielorientierung, Engagement, soziale Beziehungen und positiven Emotionen

## 6.3.2   Zufriedene Mitarbeiter

### 6.3.2.1   Flow-Erlebnisse identifizieren

**Ausgangslage**
Seit vielen Jahren motiviere ich Menschen in Kleingruppen bis hin zu gefüllten Vortragssälen dazu, sich über Flow-Momente Gedanken zu machen. Oft baue ich folgende Übung mit ein: Nachdem ich das Prinzip erläutert habe, werden die Teilnehmer aufgerufen, Ihrer Nebenfrau einen eigenen Flow-Moment zu erzählen. Mein Eindruck ist, dass man dabei eindeutig zwei Typen beobachten kann. Diejenigen, denen schnell ein Flow-Moment oder sogar mehrere einfallen, haben eine positive Ausstrahlung, ein Lächeln im Gesicht, sind eher zukunfts- und lösungsorientiert, kommunikativ und kooperativ. Diejenigen, denen erst einmal kein Flow-Moment einfällt, haben ungewollt eine eher negative Ausstrahlung, sind in sich versunken, haben einen neutralen Gesichtsausdruck, sind eher problemorientiert. Mit welchem Typ möchten Sie selbst hauptsächlich arbeiten? Ich bevorzuge für viele Fälle den ersten. Wahrnehmung und Herstellung von Flow-Momenten kann trainiert werden. Das führt unter anderem zu einer positiveren Einstellung zur Arbeit und zu höherer Leistung (siehe Abschn. 5.5.4). Die Momente, in denen sich meine Teilnehmer auf Ihre Flow-Erlebnisse einlassen, sind großartig. Menschen blühen dadurch auf, finden Ihre Motivation, finden Sinn und Freude. Sie entdecken, dass Ihr Arbeitsleben neben vielen Herausforderungen auch viele freudige Momente hat. Eine Teilnehmerin sagte einmal zu mir: „Als ich entdeckt habe, dass ich Flow bei meiner Arbeit erlebe, war das, als würde ich in einem stickigen Raum das erste Mal das Fenster aufmachen". Lassen Sie uns das gemeinsam üben (Tab. 6.1).

**Hintergrund**

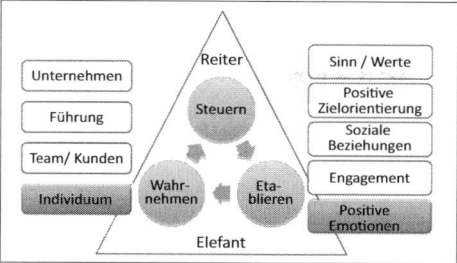 In Flow-Momenten sind Sie besonders leistungsfähig und empfinden (zumindest im Anschluss) Freude daran (siehe Abschn.5.5.4.). Sie unterstützen damit vor allem Zielorientierung, Handhabbarkeit, Engagement und Positive Emotionen. Dies kommt Ihnen und Ihrem Unternehmen zugute (siehe Kap.3).Während des Flows sind Elefant und Reiter im Einklang.

**Übungen**

**Tab. 6.1** Individuum: Flow-Erlebnisse identifizieren

| Wahrnehmen | Wie in Abschn. 5.5.4 beschrieben, ist Flow eine Elefanten-Angelegenheit. Daher ist es nicht ganz leicht, Flow bewusst (über den Reiter) wahrzunehmen. Doch dafür gibt es mehrere Techniken, zum Beispiel die pragmatische Day Reconstruction Method: Suchen Sie sich nach der Arbeit einen ruhigen Ort. Schreiben Sie eine Art Drehbuch, das in Episoden von 15 min bis zwei Stunden unterteilt ist. Jede Episode erhält einen Titel. Zum Beispiel könnte die erste Episode „Ankommen" heißen, 20 min dauern und aus Mantel aufhängen, Computer starten und Kaffee holen bestehen. Sie beschreiben also für jede Episode kurz, was geschehen ist. Zusätzlich notieren Sie, wie Sie sich dabei gefühlt haben. Haben Sie das Drehbuch des Arbeitstags fertig, suchen Sie nach folgenden Situationen: <br> 1. Sie haben sich dabei und/oder kurz danach richtig gut gefühlt, <br> 2. Die Tätigkeit war zumindest etwas, wenn nicht gar ziemlich anspruchsvoll, <br> 3. Sie hatten die Fähigkeiten, die Aufgabe zu bewältigen, <br> 4. Dabei verging die Zeit wie im Flug. <br> Bei diesen Tätigkeiten waren Sie im Flow. Sie sollten möglichst jeden Tag eine solche Tätigkeit entdecken können. Wenn dem nicht sofort so ist, geben Sie der Übung noch ein paar Tage, in denen Sie das Gleiche tun. Wenn Sie immer noch keine Episode mit einem Flow-Moment entdecken, sollten Sie ernsthaft über die Wahl Ihres Arbeitsplatzes nachdenken. In der Regel werden Sie jedoch mehrere Flow-Momente ausfindig machen. <br> Arbeitsblatt siehe Anhang A.8 |
|---|---|
| Steuern | Schreiben Sie sich die Flow-Momente gesondert auf und überlegen Sie, wie Sie häufiger eine solche Situation herstellen können. Das sollte auch ganz im Sinne Ihres Unternehmens sein (siehe Abschn. 5.5.4), so dass Sie von Seiten des Unternehmens Unterstützung dafür erfragen können. |
| Etablieren | Führen Sie regelmäßig ein Flow-Tagebuch. Beginnen Sie dabei wie im Feld Wahrnehmen. Wenn Ihnen die Übung leicht von der Hand geht, müssen Sie nicht mehr den ganzen Arbeitstag in Episoden segmentieren. Sie können im Geist die Episoden durchgehen und sich direkt auf die Flow-Momente konzentrieren Ein Nebeneffekt der Intervention ist das sogenannte Reframing. Ihr Elefant wird automatisch auf die Suche nach weiteren Flow-Momenten gehen. Das trägt weiter zur Etablierung bei. <br> Erstellen Sie sich eine Galerie der Flow-Momente: Wählen Sie nach 8 Wochen Flow-Tagebuch diejenigen Momente aus, die Ihnen besonders wertvoll erscheinen. Bringen Sie diese auf ein großes Blatt – entweder Sie schreiben sie auf, finden Bilder oder Symbole dazu. Hängen Sie die Galerie für Sie sichtbar auf und überlegen Sie, wie Sie noch häufiger diese Momente herstellen können. |

## 6.3.2.2   Einstellung: Der andere wird wohl seine Gründe haben

### Ausgangslage

„Ich komme mit meiner Arbeit überhaupt nicht voran. Frau Maier ist einfach zu langsam. Immer muss ich auf Ihre Ergebnisse warten, die zu spät geliefert werden." „Herr Maier macht mich rasend. Er ist immer so unmotiviert. Ich habe das Gefühl, ich muss ihm ständig in den Hintern treten, bis endlich etwas passiert."

Kennen Sie solche und ähnliche Aussagen? Ärgert auch Sie manchmal das Verhalten von anderen, das sie an der Erreichung Ihrer Ziele hindert? Was hilft dieser Ärger? Manchmal kann er dazu führen, dass man Energie bekommt, die Situation zu verändern. Allzu oft ist er jedoch destruktiv, verhindert Kommunikation, oder brennt in einem, obwohl man die Situation nicht ändern kann oder sie schon lange vorüber ist. Sie sind diesem Ärger nicht schutzlos ausgeliefert. Sie können ihn zähmen und somit gelassener werden. Das wiederum führt zu besserer Problembewältigung und Leistung – von Ihnen und Ihren Kollegen. Hier sehen Sie, wie das geht (Tab. 6.2).

### Hintergrund

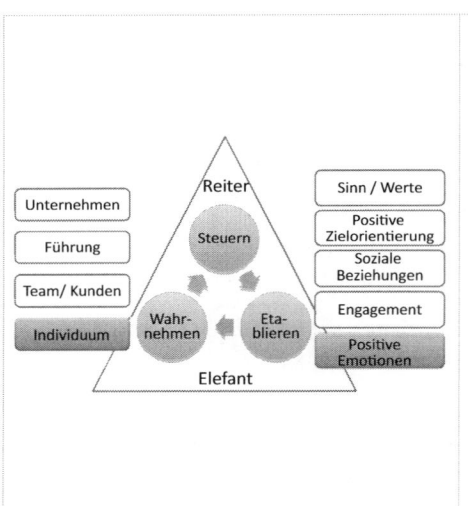

Soziale Beziehungen sind eine Quelle für Zufriedenheit wie auch Unzufriedenheit. Eine Möglichkeit, die Unzufriedenheit zu reduzieren und konstruktiv damit umzugehen, ist die Änderung der eigenen Einstellung (Bindeglied zwischen Elefant und Reiter).

Es handelt sich hier um eine Technik zum Verständnis innerer Landkarten (siehe Abschn. 5.7).

Diese Intervention ist die Chance, den Reiter zu aktivieren, wo sonst der Elefant übernimmt. Effekt ist vor allem die Reduzierung negativer Gefühle, Verbesserung der eigenen Stimmung und anschließend eine bessere Ausgangsbasis für soziale Beziehungen. Eine stabilere Persönlichkeit mit daraus folgenden besseren sozialen Beziehungen dient auch den Unternehmenszielen.

## Übungen

**Tab. 6.2** Individuum: Einstellung: Der andere wird wohl seine Gründe haben

| | |
|---|---|
| Wahrnehmen | Situationen wahrzunehmen, in denen das Verhalten anderer stört, ist leicht, zum Beispiel, wenn der andere vor Ihnen langsamer fährt, als Sie das möchten, oftmals Fehler macht, Ihnen von seiner Art unangenehm ist. Ihnen fallen sicher einige Beispiele ein. |
| Steuern | Die Beeinflussung der negativen Gefühle ist da schon anspruchsvoller. Diese Übung hilft Ihnen dabei. Gruppenübung: Geben Sie wie oben ein Beispiel vor. Lassen Sie jeden Teilnehmer auf ein eigenes Blatt drei Gründe schreiben, warum die Person vor ihm unbedingt langsamer fahren musste. Das können gerne kreative Gründe sein, wie „Er hat eine Geschwindigkeitsallergie", oder realistische wie „Er ist der einzige, der sich an die Geschwindigkeitsbegrenzung hält." Lassen Sie ohne bestimmte Reihenfolge die Ideen in die Gruppe rufen. Eine Übung, die zu viel Heiterkeit führt. Nehmen Sie sich gemeinsam vor, nächstes Mal in einer ähnlichen Situation erst einmal drei Dinge zu überlegen, warum der andere sich so störend verhält. |
| Etablieren | Es gibt Teilnehmer, die von dieser Übung schon beim ersten Mal profitieren. Bei anderen geht das Prinzip schnell wieder unter. Eine Möglichkeit, die Alternativgedanken zu etablieren ist es, ein Schild in einem Gemeinschaftsraum zu befestigen: „Drei Dinge, warum er/sie das machen musste." Vorausgesetzt, Sie haben gute Vorarbeit geleistet (siehe Abschn. 6.1) und eine Mehrheit der Besucher des Gemeinschaftsraums hat die Übung schon gemacht, werden Sie viele spaßige Momente erleben. Mittelfristig werden sich bei einigen Teilnehmern negative Emotionen reduzieren, während sich ihr Verständnis für andere erhöht. |

### 6.3.2.3 BFS-Methode

**Ausgangslage**

In Coachings von Führungskräften begegne ich häufig folgenden Aussagen. „Irgendwie habe ich das Gefühl, dass aus meinem Team die Luft raus ist. Sie machen schon, was nötig ist, aber eben nur das. Das ist so zäh wie ein durchgekautes Kaugummi und braucht einfach zu viel Kraft. Ich müsste mich eigentlich mit der Zukunft beschäftigen und muss stattdessen immer wieder mit viel Energie die Gegenwart anschieben." Genauso höre ich das aber auch von Mitarbeitern: „Die Arbeit ist ok, macht mir aber einfach keinen Spaß. Ich sitze die Zeit also ab und mache das, was ich eben machen muss. Mehrmals am Tag schau ich auf die Uhr und warte darauf, dass endlich Feierabend ist."

Wäre es nicht großartig, wenn die Mitarbeiter freudvoll arbeiten würden mit dem Gefühl, zu etwas Größerem beizutragen? Ein Beispiel, wie Sie Sinnhaftigkeit, Freude und Stärkenorientierung fördern können, um das Arbeiten zu erleichtern, sehen Sie hier (Tab. 6.3).

**Hintergrund**

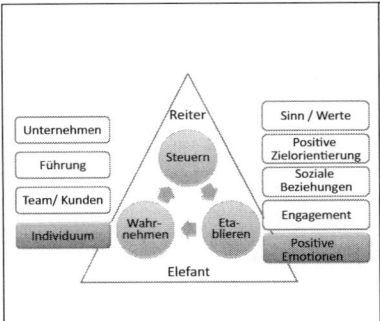

BFS steht für „Bedeutung", „Freude", „Stärken" (Im Englischen heißt die Methode MPS process: Meaning, Pleasure, Strength). Die BFS-Methode fördert das Sinnerleben, die positiven Emotionen und das Engagement der Arbeitnehmer. Wird ein Mitarbeiter richtig eingesetzt, kann er seine beste Leistung erbringen.

Die BFS-Methode wird von Tal Ben-Shahar detailliert beschrieben (2007, S. 103-105)[73], der durch die Einführung von Kursen zur Erhöhung der Lebenszufriedenheit an der Harvard University international bekannt wurde.

**Übungen**

**Tab. 6.3** Individuum – BFS-Methode

| Wahrnehmen | Die Wahrnehmung von Stärken und Sinn ist ein weites Feld. Für diese Methode wird der Reiter in die Pflicht genommen, durch die Beantwortung von drei Fragen über Gefühl, Stärke und Sinn mehr Wahrnehmung zu erreichen:<br>– Was bedeutet mir etwas?<br>– Was macht mir Freude?<br>– Was sind meine Stärken?<br>Schreiben Sie die Antworten auf Karten, wobei Sie verschiedene Farben für Bedeutung, Freude und Stärke verwenden. |
|---|---|
| Steuern | Nehmen Sie die Karten und suchen Sie nach Überschneidungen. Überlegen Sie anschließend, was das für Ihre Arbeit oder den Aufgabenbereich bedeutet, welche Ideen Sie daraus entwickeln können. Erarbeiten Sie anschließend, wie Sie die Überschneidung am besten umsetzen. Ein Beispiel dazu finden Sie im Anhang A.9.<br>Sollten Sie nicht so recht weiterkommen, bitten Sie einen Freund oder Coach, Sie zu unterstützen. Eine weitere Hilfestellung ist die, nach den benötigten Stärken für die Aufgabe zu fahnden und dann zu erarbeiten, wie Sie sich die Stärken aneignen können oder welche zusätzlichen Ressourcen Sie benötigen. |
| Etablieren | Vor jeder neuen Aufgabe können Sie sich die Fragen stellen:<br>– Was ist mir besonders wichtig bei dieser Aufgabe?<br>– Was macht mir daran am meisten Spaß?<br>– Mit welchen meiner Stärken kann ich die Aufgabe am besten meistern?<br>Notieren Sie sich die drei Fragen und legen Sie sie an einen Ort, an dem Sie sich in Ruhe Gedanken machen können.<br>Berücksichtigen Sie diese Fragen auch in Zielvereinbarungsgesprächen.<br>Wie wichtig ist die Aufgabe dem Mitarbeiter (bzw. wie kann ich ihm/ihr die Wichtigkeit vermitteln), welcher Aspekt macht ihm oder ihr Freude und welche Stärken kann sie oder er einsetzen? |

### 6.3.2.4   Konzentrationsinseln schaffen

**Ausgangslage**

„Wie soll ich denn bei meiner Arbeit vorankommen, wenn ständig irgendetwas dazwischen kommt." Haben Sie oft das Gefühl, ständig hin und her geworfen zu werden? Sie fangen eine Sache an und bevor Sie sie zu Ende führen können, kommt ein wichtiger Hilferuf oder eine dringende Bitte um Rückmeldung, der/die „mal schnell" erledigt wird. Dann zurück zur Aufgabe – bis kurz darauf wieder eine Unterbrechung kommt. Am Ende des Tages können Sie nicht mehr genau sagen, an was Sie eigentlich hautsächlich gearbeitet haben. Wenn es Ihnen so geht, kann ich nur sagen: „Willkommen im Club". In unserem hektischen Arbeitsleben ist das fast schon der Normalzustand. Zur Verbesserung können wir uns aktiv Konzentrationsinseln schaffen, um zumindest für einen Teil unserer Arbeitszeit durchgehend an einer Sache zu arbeiten. Wie Sie das machen können, finden Sie hier (Tab. 6.4).

**Hintergrund**

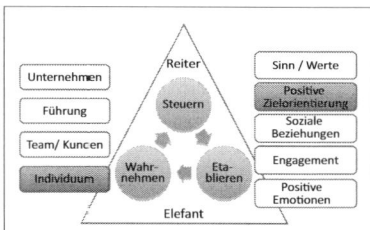

In Abschn. 1.3 wird beschrieben, dass der Reiter seriell arbeitet. Multitasking gehört nicht zu seinen Stärken. Jede Störung unterbricht nicht nur, sondern wirft Sie einen kleinen Schritt zurück. Nach jeder Störung müssen Sie sich wieder auf die Aufgabe einstellen und verlieren kostbare Zeit und Energie. Kognitiv anspruchsvolle Arbeiten brauchen daher Ihre ungeteilte Aufmerksamkeit, um effizient bearbeitet zu werden.

**Übungen**

**Tab. 6.4**  Individuum – Konzentrationsinseln schaffen

| Wahrnehmen | Besorgen Sie sich einen Timer, der Ihnen jede volle Stunde ein Signal gibt (manche Uhren haben eine solche Funktion oder installieren Sie eine entsprechende App oder stellen Sie sich eine große Uhr auf den Tisch und markieren sich die 12 mit einem roten Klebestreifen zur Erinnerung). |
|---|---|
| | Zählen Sie an einem bestimmten Tag (zum Beispiel nächsten Dienstag) mit: Wie viele unerwartete Anrufe erhalte ich? Wie viele Emails habe ich beantwortet? Wie oft hat mich ein Kollege etwas gefragt? Wie häufig wurde ich durch Informationen im Internet abgelenkt? |
| | Notieren Sie sich die Zahl jede Stunde auf ein Blatt Papier. Vielleicht haben Sie einen festen Arbeitsplatz mit Schreibtisch, dann legen Sie sich das Papier so hin, dass Sie alternativ zur Stundenregelung jederzeit einen Strich mach können bei „Telefon", „E-Mail", „Internet" oder „Kollege". |
| | Zusätzlich beantworten Sie jede Stunde die folgende Frage: „Wie konzentriert konnte ich diese Stunde meine Arbeitsziele verfolgen?" auf einer Skala von 1 bis 10. „1" bedeutet „so gut wie gar nicht" und „10" bedeutet „sehr gut". Ein Arbeitsblatt dazu finden Sie im Anhang (siehe A.10). |
| | Wenn Sie mit den Werten über mehrere Tage unzufrieden sind, gehen Sie weiter zu „Steuern" und „Etablieren". |

**Tab. 6.4** (Fortsetzung)

| Steuern | Ihr Zeitbedarf und Steuerungsmöglichkeit ist stark von Ihrer Situation abhängig. Nehmen wir einmal folgendes an: Sie haben eine Schreibtischtätigkeit, sitzen üblicherweise mit anderen zusammen in einem Büroraum und sollen einen Arbeitsplan für die nächsten Monate erstellen. Aus Erfahrung wissen Sie, dass Sie dafür ca. drei Stunden brauchen. Allerdings müssen Sie häufig schnell auf externe Anfragen reagieren, können also nur etwa 45 min abwesend sein. Sorgen Sie also für vier mal 45 min Ruhe. Hierzu einige Instrumente für verschiedene Situationen: Informieren Sie Ihre Kollegen/Ihren Chef über Ihre Konzentrationsinsel Schalten Sie Ihr Telefon lautlos Stellen Sie ein Schild auf Ihren Tisch „Sorry, bin 45 min nicht ansprechbar – bitte gleich wieder kommen" Schließen Sie ihr Email-Programm Wechseln Sie den Raum Setzen Sie sich einen schallgedämmten Kopfhörer auf (gerne einen auffälligen) Installieren Sie eine Kindersicherung auf Ihrem Rechner, mit der Sie den Zugang zum Internet auf wenige Seiten beschränken können Suchen Sie sich diejenigen Instrumente aus, die für Sie sinnvoll und machbar erscheinen und legen Sie los. Feiern Sie den Abschluss Ihrer Aufgabe (hier den Arbeitsplan) mit einer kleinen Belohnung. |
|---|---|
| Etablieren | Wenn Sie mehr von diesen Konzentrationsinseln haben möchten, etablieren Sie diese in Ihren Arbeitsalltag. Vereinbaren Sie zum Beispiel verschiedene „Auszeiten" mit Kollegen oder Kunden: Jeder Arbeitstag fängt damit an, dass Sie sich einen Kaffee holen, an den Arbeitsplatz setzen und 45 min ein bestimmtes Projekt erarbeiten. Erst danach starten Sie das Email-Programm und sind für Ihre Kollegen ansprechbar Vereinbaren Sie Sprechstunden mit Ihren Kollegen. Außerhalb der Sprechstunden sind Sie nur in Notfällen verfügbar – ansonsten verweisen Sie konsequent auf die nächste Sprechstunde Vereinbaren Sie mit Ihren Kollegen Anrufdienste. Ihr Kollege nimmt zu einer bestimmten Zeit Anrufe an Sie auf, sagt, dass Sie gerade nicht erreichbar sind aber sich umgehend melden werden. Danach übernehmen Sie den Dienst für Ihren Kollegen Klären Sie diese Maßnahmen vorher mit Ihrem Vorgesetzten und Ihrem Team ab. Sie werden wahrscheinlich angenehm überrascht sein, dass die Welt nicht untergeht, obwohl Sie für gewisse Zeit nicht erreichbar sind – und darüber, dass Sie in kurzer konzentrierter Zeit viel erreichen können. |

### 6.3.3   Starke Teams

#### 6.3.3.1   Positive Kommunikation – „Und" statt „Aber"

**Ausgangslage**

Aus einer Abteilungsleiterin bricht es ungefiltert heraus: „Jetzt muss ich mir einfach mal Luft machen. Ich habe das Gefühl, im Gespräch mit Ihnen renne ich ständig gegen die Wand. Egal was ich sage, es kommt ein ‚Aber'. Immer erhalte ich Gegenargumente und Gründe, warum das oder jenes nicht geht – statt dass Sie mal zusammen mit mir überlegen, was wir tun können." Die Antwort: „Aber die anderen machen das doch auch nicht besser." Kennen Sie solche Gespräche? Mir werden solche Gespräche in Coachings oder Workshops erzählt.

Interessanterweise stoppt die Kommunikation oft, nachdem sich mein Gegenüber Luft gemacht und sich über das Fehlverhalten der anderen geäußert hat. Es fehlt an Ideen, wie sich das in Zukunft vermeiden oder reduzieren lässt. So treten die gleichen Muster immer wieder auf.

Hier sehen Sie ein Beispiel dafür, wie Sie Kommunikationskultur positiv beeinflussen können und somit gemeinsames Arbeiten konstruktiver machen. Sie werden erleben, dass diese kleine Änderung zu einer völlig anderen Art führt, miteinander umzugehen – auch wenn es sich zunächst sehr seltsam anfühlt (Tab. 6.5).

**Hintergrund**

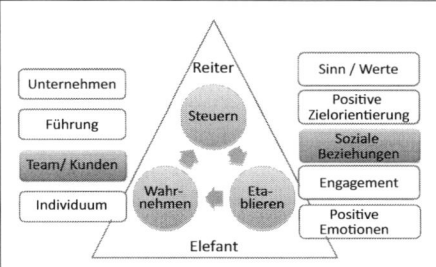

Gerade, wenn wir negativ gestimmt sind, haben wir eher einen Tunnelblick (siehe Abschn. 5.5.5). Das führt zusammen mit den Verteidigungsmechanismen des Elefanten dazu, dass eine Aber-Kommunikation entsteht. Um soziale Beziehungen in Teams sowie deren Stärken- und Lösungsorientierung zu unterstützen, ist es sinnvoll, zu einer Und-Kommunikation zu kommen.

## Übungen

**Tab. 6.5** Teams: Positive Kommunikation – Und statt Aber

| | |
|---|---|
| Wahrnehmen | Eine Technik der neutralen Kritik aus dem Coaching ist die Quantifizierung von Verhalten. Wenn Ihnen also eine starke und unproduktive „Aber"-Kultur auffällt (und Sie dies als störend empfinden), machen Sie sich Notizen: Prüfen Sie jede Erwiderung, ob diese ein „Aber" enthält oder nicht. Zählen Sie beide Fälle. Auch die anschließende Steuerungsübung unterstützt den Wahrnehmungsprozess. Oftmals entgeht uns, welche Worte wir einsetzen und was wir damit kommunizieren. Wie Ihre Stimme auf Ihrem Anrufbeantworter oder das Ansehen Ihrer ersten Videoauftritte verändert sich dadurch die Wahrnehmung des eigenen Selbst. |
| Steuern | Unterbrechen Sie die Diskussion mit diesen oder ähnlichen Worten: „Mir ist aufgefallen, dass wir häufig Gegenpositionen vertreten. Das drückt sich durch das Wort Aber aus. Ich habe das hier mal mitgezählt. In X von Y Erwiderungen kam das Wort Aber vor. Das mache ich genauso wie Sie – wir sind da im gleichen Boot. Ich möchte etwas vorschlagen, damit wir unsere Kommunikation produktiver gestalten. Das wird Ihnen sicherlich ungewöhnlich vorkommen, aber ich bitte Sie, sich auf dieses kleine Experiment einzulassen. Für nur 20 min ist das Wort „Aber" aus unserem Sprachgebrauch gestrichen. Stattdessen sagen wir „Und". Das wird sich seltsam anfühlen. Und dennoch können wir es versuchen. Einverstanden? Ok, und weiter geht es mit der Diskussion". Sie können zusätzlich einen möglichst neutralen Gesprächspartner beauftragen, auf die Einhaltung der Regel zu achten. Im Zweiergespräch übernehmen Sie diese Rolle. Achten Sie dabei darauf, sich selbst mit zu beobachten. |
| Etablierung | Vereinbaren Sie mit Ihren Teammitgliedern, in den ersten 20 min eines Teammeetings „Und" statt „Aber" zu verwenden. Der Protokollant achtet auf die Einhaltung. Unterhaltsame Methoden, sich an die Regel zu erinnern, sind: <br> – Einen Buzzer anschaffen. Er sollte nicht zu laut oder zu unangenehm sein. Jedes Mal, wenn ein „Aber" auftaucht, wird der Buzzer vom Protokollanten gedrückt. <br> – Sie bereiten zwei Schilder vor: ein grünes mit der Aufschrift „UND" und ein gelbes mit „ABER". Immer wenn ein „Aber" auftaucht, wird die gelbe Karte gezückt. Immer wenn ein „Und" verwendet wird, zeigt man das grüne Schild. <br> – Vereinbaren Sie eine Obergrenze für „Abers". Bleiben die Teilnehmer insgesamt unterhalb dieser Grenze, gibt es eine Belohnung. <br> All diese Methoden sollten nur punktuell eingesetzt werden (wenn Abers überhandnehmen), um das Gefühl zu vermeiden, ständig bevormundet zu werden. |

### 6.3.3.2   Positive Kommunikation – Empathie durch aktives konstruktives Reagieren

**Ausgangslage**

„Na, was habe ich gerade gesagt?" „Du hörst mir ja überhaupt nicht zu." „Muss ich denn alles zweimal sagen." „Hallo, ich spreche mit dir." Kennen Sie das? Schon einmal selbst gesagt oder gehört? Sicherlich waren Sie dabei eher schlechter Laune. Und die Sprüche haben es nicht besser gemacht, sondern waren vielleicht sogar der Anfang eines Streits.

Wie fühlt sich das an, wenn Ihr Gesprächspartner aufmerksam ist, auf Ihre Ideen eingeht, Ihnen das Gefühl gibt, Sie verstanden zu haben, sich mit Ihnen über Ihre Erfolge freut? Das fühlt sich gut an, so gelingen Kommunikation und Teamwork. Hier ein Beispiel, wie Sie genau das fördern können (Tab. 6.6).

**Hintergrund**

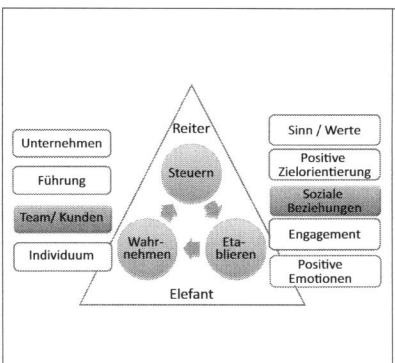

Empathie ist ein zentraler Bestandteil funktionierender sozialer Beziehungen. Fragen wir nach und zeigen einen interessierten Körperausdruck, „schwingen" wir mit unserem Gesprächspartner, dann entsteht eine starke soziale Bindung sowie wohltuende Vertrautheit. Die Elefanten kommen sich näher. Gute soziale Beziehungen stärken die Widerstandskraft gegen schwierige Situationen und fördert Produktivität (siehe Kap.3).

Martin Seligman, einer der Begründer der Positiven Psychologie, verwendet die Übung der aktiven konstruktiven Kommunikation gerne in Workshops um schnell und wirkungsvoll zu zeigen, wie positive Interventionen funktionieren.

## Übungen

**Tab. 6.6** Teams – Positive Kommunikation – aktives konstruktives Reagieren

| | |
|---|---|
| Wahrnehmen | Empathie ist vor allem eine Form der Wahrnehmung. Schulen Sie die Wahrnehmung Ihrer eigenen Gefühle, Gedanken und Motive und seien Sie offen für die Welt anderer. Um zu erkennen, wie sich eine andere Person fühlt und warum sie etwas tut, können Sie sich in deren Lage versetzen und/oder fragen, was genau geschehen ist und wie sich das genau angefühlt hat. Wichtig dabei ist, überhaupt den Fokus auf jemand anderen zu richten und ein Interesse für dessen Gefühlswelt zu entwickeln. Übung macht auch hier den Meister. |
| | Konkret kann das mit Hilfe theaterpädagogischer Mittel geübt werden. Bilden Sie zum Beispiel Zweiergruppen mit jeweils einer Person A und B. Person A soll nun ohne zu Sprechen eine bestimmte Haltung eigener Wahl einnehmen (z. B. beleidigt oder fröhlich). Person B nimmt die gleiche Haltung ein (sie „spiegelt") und sagt z. B. „Du bist beleidigt, richtig?" – so lange, bis die Haltung richtig geraten oder aufgelöst wird. Dann wechseln die Personen die Rollen. Nach drei Minuten lassen Sie die Paare neu bilden und so weiter. Lassen Sie am Ende der Übung gemeinsam reflektieren, wie sich so ein Spiegeln anfühlt und wie schwer oder leicht es ging. Sie werden unterschiedliche Wahrnehmungen erhalten, die spannend zu reflektieren sind. |
| Steuern | Steuern im Sinne von trainieren können Sie Empathie durch aktive konstruktive Kommunikation: Erläutern Sie der Gruppe das Prinzip des aktiven konstruktiven Reagierens. Im Anhang (Abschn. 0) finden Sie eine Erläuterung und Beispiele für das Prinzip Aktiv-Konstruktiv. Bilden Sie nun Zweiergruppen. Die eine Person soll ein positives Ereignis der letzten Zeit erläutern. Die andere Person hat die Aufgabe, darauf aktiv und konstruktiv zu reagieren. Nach etwa fünf Minuten lassen Sie die Rollen wechseln. Anschließend besprechen Sie mit der Gruppe die gemachten Erfahrungen. Sie werden wahrscheinlich auf unterschiedliche Einschätzungen stoßen, von „Das hat sich wunderbar angefühlt. Ich habe mich so richtig wertgeschätzt gefühlt." bis hin zu „Komisches Gefühl, so gestelzt und künstlich.". Eine Diskussion darüber ist sehr lehrreich für alle Beteiligten. Man wird sich darauf einigen können, ein klein wenig mehr in die aktive, konstruktive Richtung gehen zu können. Auf jeden Fall schult das Ihre Empathie und die aller Teilnehmer. Auch wenn sie künftig nur mit einer Frage mehr als früher aufeinander eingehen. |

**Tab. 6.6** (Fortsetzung)

| Etablieren | Eine wichtige Voraussetzung für aktives, konstruktives Reagieren ist, etwas Zeit zu investieren. Einige wenige Minuten reichen aus. Suchen Sie sich also zunächst eine regelmäßige Situation, in der Sie ein paar Minuten dafür erübrigen, z. B. Mitarbeitergespräche, Mittagessen oder Raucherpause. Nehmen Sie sich für diese immer wiederkehrende Situation nur eines vor: Eine einzige Nachfrage mehr zu stellen, als Sie es üblicherweise tun. |
|---|---|
| | Eine andere Art der Ritualisierung ist es, sich ein kleines Skript zu überlegen, nach dem Sie zum Beispiel als Führungskraft im Mitarbeitergespräch vorgehen. Fragen Sie zum Einstieg in das Gespräch, wie sich der Mitarbeiter in den letzten vier Wochen insgesamt gefühlt hat (eine übliche Frage der Zufriedenheitsforschung). Wenn Ihnen diese Art der Frage seltsam vorkommt, üben Sie das erst einmal im privaten Bereich. Wenn Ihnen das zu leicht vorkommt, gehen Sie einen Schritt weiter und fragen Sie, ob das Befinden des Mitarbeiters vergleichbar ist mit bestimmten Situationen, die Sie selbst erlebt haben oder in die gleiche Richtung geht. Ein Beispiel ist der Einsatz von Metaphern. Beklagt sich ein Mitarbeiter, dass es total mühsam ist, an der Aufgabe weiterzuarbeiten, könnten Sie fragen: „Das ist so, als ob man in ein riesiges Kaugummi getreten ist und jetzt versucht, weiterzulaufen, richtig?" oder „Das ist ein wenig so wie im Projekt XY, als der Kunde immer wieder Verbesserungen wollte, obwohl wir dachten, es sei schon fertig, oder?" |

### 6.3.3.3  Autonome Workshops

**Ausgangslage**

„Ach, wenn doch meine Mitarbeiter und Kollegen mehr Eigenverantwortung übernehmen würden und das größere Ganze im Blick hätten." Wünschen Sie sich das auch? Viele kleine lästige Entscheidungen, die die Mitarbeiter doch selbst treffen können. Viele Fragen, deren Antwort die Kollegen doch sicher schon kennen oder sich selbst erarbeiten könnten.

Wenn Sie wollen, dass Ihre Mitarbeiter und Kollegen sich selbst Gedanken machen, Lösungen für Probleme erarbeiten und neue Ideen entwickeln, ist die folgende Technik für Sie geeignet (Tab. 6.7).

**Hintergrund**

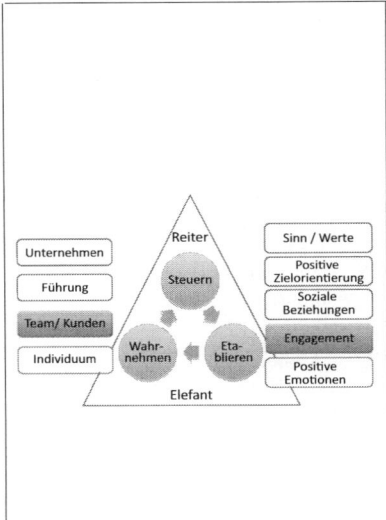

Empfundene Autonomie steigert Sinnhaftigkeit, Engagement und Zielerreichung, vor allem, wenn es um kreative und komplexe Aufgaben geht. Voraussetzung für autonomes Handeln ist jedoch, dass die Mitarbeiter Eigenverantwortung übernehmen möchten und die Führung bereit ist, Verantwortung abzugeben. Die nachfolgende Intervention führt zu autonomer Problemlösung. Das unten aufgeführte konkrete Beispiel hat zum Ziel, Unzufriedenheit im Unternehmen zu reduzieren. Dazu wurden im Vorfeld Vorträge zur Mitarbeiterzufriedenheit gehalten und ein Kompetenzteam gebildet. Das Team bekam die Aufgabe, Verbesserungsmöglichkeiten im Unternehmen zu identifizieren und diese im Anschluss dem Management vorzustellen. Nach dem gleichen Muster können Taskforces jeglicher Art durchgeführt werden - jeweils angepasst auf die speziellen Erfordernisse. Das entlastet das Management und bezieht die Mitarbeiter wertschätzend mit ein.

Wichtig ist, dass die Vorschläge des Kompetenzteams auch wirklich ernst genommen werden und zumindest zum Teil umgesetzt werden. Andernfalls ist Demotivation statt Motivation die Folge.

**Übungen**

**Tab. 6.7** Autonome Workshops

| Phase | Beispiel | Minuten (gesamt ca. 4St.) |
|---|---|---|
| Organisatorisches | Benennung eines Moderators (in diesem Beispiel ein externer Moderator) und eines Protokollanten | 10 |
| Vorstellungsrunde | Klärung von Du/Sie. Vorstellung der Personen mit Namen und Arbeitsbereich (für den externen Moderator) | 10 |
| Warm-Up (Elefant) | Vorschläge, um in den kreativen Prozess zu kommen: *Satzbau*: Nacheinander sagen alle Teilnehmer jeweils ein Wort, sodass zusammen Sätze und eine Geschichte entstehen. *Impro-Geschichte*: Ein Teilnehmer erzählt eine Geschichte und greift dabei ihm unbekannte Gegenstände aus einem Sack, die er spontan in die Geschichte einbauen muss. Alternative: Der Sack geht reihum, jeder Teilnehmer zieht jeweils nur einen Gegenstand und setzt die Geschichte fort. | 20 |

**Tab. 6.7** (Fortsetzung)

| Phase | Beispiel | Minuten (gesamt ca. 4St.) |
|---|---|---|
| Inhaltliches Update | Grundsätzliches zu Zielen und Säulen für Veränderung. Vorschau auf das gewünschte Ergebnis des Workshops.<br>Nehmen wir an, es geht darum, zu erarbeiten, wie die Stimmung in der Abteilung verbessert werden kann. Setzen Sie also einen Rahmen, in dem der Workshop steht. Zum Beispiel hatten Sie eine Mitarbeiterbefragung erhoben und dabei herausgefunden, dass sich die Mitarbeiter eine bessere Stimmung wünschen. Der Workshop soll das Ziel haben, konkrete Ideen dafür zu entwickeln. Als Ergebnis soll eine Liste erarbeitet werden, die dann an das Management weitergegeben wird. Dieses wählt daraus Maßnahmen aus, die in einem festen Zeitrahmen umgesetzt werden. | 15 |
| Brainstorming und Gewichtung | Erst sammeln Sie also alle Ideen, die dem Team einfallen – zunächst noch ohne Bewertung nach richtig/falsch oder wichtig/unwichtig. Alles wird erst einmal berücksichtigt. Jeder schreibt jeweils eine Idee auf einen Zettel und pinnt ihn an eine Metaplanwand (alternativ können die Zettel mit Klebestreifen auf eine Wand geheftet oder einfach auf den Boden gelegt werden). | 45 |
| Pause | Pausen sind entscheidend, um Energie zu tanken und den Kopf für den nächsten Schritt frei zu bekommen. Weitere kleine Pausen können Sie nach Bedarf einschieben. | 15 |
| Konkretisierung | In der Pause ordnet der Moderator die Zettel nach inhaltlicher Nähe und fragt die Gruppe, ob das so ungefähr ok ist. Wahrscheinlich finden Sie zu einigen Zettelgruppen noch Überschriften, die Sie auf einen Zettel schreiben und über die Zettelgruppe pinnen.<br>Jeder Teilnehmer erhält drei Klebepunkte, die verteilt werden dürfen auf Themen, die dem Teilnehmer wichtig erscheinen. Dabei dürfen die drei Punkte einem einzigen Thema vergeben oder auf verschiedene Themen verteilt werden. Hat eine Zettelgruppe eine Überschrift, dann erhält die Überschrift Punkte, nicht die Zettel darunter. Haben Sie keine Klebepunkte, erhält die Gruppe die Anweisung, mit Stiften drei Punkte zu vergeben. Zählen Sie anschließend die Punkte aus. Themen ohne Punkte werden entfernt. Themen mit den meisten Punkten werden weiter bearbeitet.<br>Die wichtigsten Themen werden als Ziel definiert und mittels der SMART-Methoden und den Säulen der Veränderung geprüft. Dabei kristallisieren sich mit Hilfe des Moderators kurzfristige Ziele und ein mittelfristiges Ziel heraus sowie ein langfristiger Wunsch. | 90 |
| Nächste Schritte | Kurzfristige Ziele (vor allem diejenigen, die wenig Ressourcen benötigen) können sofort umgesetzt werden. Für mittelfristige Ziele wird ein Umsetzungsplan benötigt (wer macht bis wann was?). | 15 |

**Tab. 6.7** (Fortsetzung)

| Phase | Beispiel | Minuten (gesamt ca. 4St.) |
|---|---|---|
| Verabschie-dungsritual | Machen Sie zum Beispiel einen spielerischen internen Vertrag miteinander, der besagt, was sie gemeinsam erreichen wollen und wann man sich wieder zusammenfindet.<br>Gehen Sie anschließend den gelungenen Verlauf des Workshops feiern, zum Beispiel mit Kaffee und einem Stück Kuchen. | 10 |
| Präsentation | Jetzt müssen die Ergebnisse (in unserem Beispiel konkrete Vorschläge zur Verbesserung der Abteilungsatmosphäre) an das Management berichtet werden. Anschließend können die Entscheidungen des Managements mittels eines eigenständigen Workshops nach dem gleichen Muster bearbeitet werden. | |
| Etablieren | Um die Maßnahme zu etablieren können Sie ein Kompetenzteam wählen lassen, das regelmäßig zusammenkommt. | |

### 6.3.3.4   Broaden & Build 3:1

**Ausgangslage**

Folgende Situation: Sie haben ein Team, das einigermaßen funktioniert. Sie haben jedoch das Gefühl, dass die Teammitglieder noch besser miteinander arbeiten könnten und die Stimmung positiver sein könnte. Da Sie wissen, dass Autonomie wichtig ist und einzelne Teammitglieder das auch schon selbst angesprochen haben, möchten Sie das Team selbst Ideen finden und im Rahmen entscheiden lassen, was zur Verbesserung getan werden soll.

Für solche und ähnliche Situationen bietet sich die folgende Übung zur Verbesserung der Teamarbeit an (Tab. 6.8).

**Hintergrund**

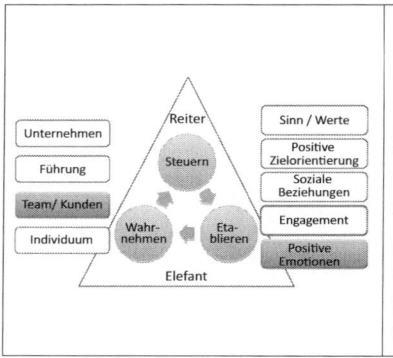

Barbara Fredrickson Losada und andere Forscher (siehe Abschn. 5.5.5) beobachteten, dass gutes Teamwork auch darin besteht, sich über Körpersprache und verbal zu unterstützen - und das in einem Verhältnis von drei positiven Bekräftigungen zu einer eher negativen Kritik. Wird dieses Verhältnis von 3:1 oder besser über einen längeren Zeitraum gehalten, bilden sich Ressourcen, die auch in harten Zeiten für Zusammenhalt sorgen.

Diese Methode ist leicht anwendbar und dennoch wirksam. Sie kann zum Beispiel in einen Vortrag zur Einführung zum Beispiel des Themas „Teamwork" eingebettet werden.

## Übungen

**Tab. 6.8** Positive Emotionen – 3:1 – für Teams

| | |
|---|---|
| Wahrnehmen | Einigen Sie sich mit Ihrem Team über die praktische Situation, die Sie verbessern möchten (z. B. das montägliche Teammeeting). Als Vorbereitung können Sie die Broaden&Build Theory erläutern (siehe Abschn. 5.5.5) |
| | Teilen Sie für jeden Teilnehmer zehn Kugeln (oder andere geeignete Gegenstände wie Bonbons) aus. Auf einen Tisch stellen Sie zum Beispiel zwei gleiche Glasvasen. Die eine ist mit „negativ" beschriftet, die andere mit „positiv". Lassen Sie alle Teilnehmer die Kugeln auf die transparenten Behälter in folgender oder ähnlicher Weise verteilen: „Sie werden wahrscheinlich während der Teammeetings verschiedene Erfahrungen machen. Mal sind damit positive Gefühle verbunden, mal negative. Bitte verteilen sie ihre Kugeln so, dass das Verhältnis zwischen Positiv und Negativ stimmt. Haben Sie zum Beispiel das Gefühl, dass sich positive Gefühle und negative während eines typischen Meetings so etwas die Waage halten, legen Sie fünf Kugeln in die eine und fünf in die andere Vase. Anschließend zählen wir alle Kugeln aus." |
| | Zählen Sie die Kugeln beider Vasen aus. Klären Sie über das empfohlene Verhältnis von 3:1 oder besser auf. Besprechen Sie das Ergebnis der Gruppe und entscheiden, ob eine Verbesserung der momentanen Situation sinnvoll ist oder ob man bereits ein tolles Ergebnis erreicht hat und dieses halten möchte. |
| | Material: Liste, Kugeln, zwei gleiche transparente Behälter |
| Steuern | Bilden Sie Kleingruppen von ca. 4 Personen. Jede Gruppe benennt einen Protokollanten und macht ein Brainstorming über die Möglichkeit, wie man ein Mindestverhältnis von 3:1 für die ausgewählte Situation erreichen kann. Sammeln Sie alle Vorschläge auf einer Metaplan-Wand. Jeder Teilnehmer erhält drei Klebepunkte, die er auf die vorgeschlagenen Maßnahmen verteilen kann. Wenden Sie die SMART-Methode auf die Maßnahmen mit den meisten Punkten an. Sollten dabei zu viele Maßnahmen wieder entfernt werden, können Sie nochmals Punkte verteilen lassen. Wenden Sie die Checkliste zur Zielerreichung (siehe A.2) auf die „Gewinner" an. |
| | Benötigtes Material: Moderationskarten, große Stifte, Metaplan-Wand mit Pins oder Magnetwand, Klebepunkte, Checkliste (siehe A.2). |
| Etablieren | Nach jedem Teammeeting fragen Sie, welche der 3:1-Maßnahmen gut waren. Sorgen Sie dafür, dass die Maßnahmen ins Protokoll und für das nächste Meeting auf die ToDo-Liste aufgenommen werden. |
| | Benötigtes Material: keins |

### 6.3.4    Gute Kundenbeziehungen durch mehr Beachtung

**Ausgangslage**

„Wir sind kundenorientiert" ist leichter gesagt, als getan. Wie oft geschieht es, dass Sie in einen Laden oder ein Postamt kommen und sich fremd und unbeachtet fühlen? Oder man wird gleich bestürmt. Da möchte man manchmal am liebsten gleich wieder hinausgehen. Der Kunde soll sich wohl und im richtigen Maß beachtet fühlen. Wie man das üben kann, sehen Sie hier (Tab. 6.9).

**Hintergrund**

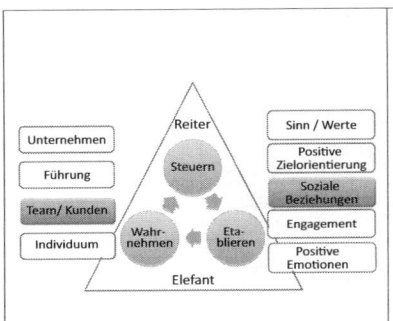

Beachtung zu schenken wird in Schulen und Unternehmen oftmals unterschätzt. Aus meiner Erfahrung ist die Beachtung eine der stärksten Techniken, um soziale Beziehungen zu stärken. Eine gute soziale Beziehung zu den Kunden macht Freude, kann aber auch den Umsatz erhöhen (siehe Abschn. 3.3). Zudem kann es massive Folgen (bis zum Kundenverlust) haben, wenn die Kunden sich nicht beachtet fühlen, obwohl sie ein Anliegen haben.

Die vorgestellte Technik gilt für den direkten Kundenkontakt.

## Übungen

**Tab. 6.9** Kunden: Beachtung

| | |
|---|---|
| Wahrnehmen | Kommunikation erfolgt hauptsächlich über Augenkontakt und Mimik. Da den meisten Menschen die Fähigkeit mitgegeben ist, soziale Kontaktaufnahme zu erkennen, wird hier nicht weiter darauf eingegangen. Allerdings ist nicht immer leicht erkennbar, ob der Kunde eine Ansprache wünscht (z. B. auf einer Messe oder in einer Filiale mit Laufkundschaft). |
| Steuern | Ein „besseres Auge" für den Kunden zu bekommen, lässt sich mit Hilfe von Methoden aus der Theaterpädagogik (Videobegleitung, Rollenspiele, Aufmerksamkeitsübungen) trainieren. Zum Beispiel kann eine Szene auf einer Messe nachgestellt werden. Die Teilnehmer nehmen dabei verschiedene Rollen an: die des Kunden, die des Messepersonals und die des neutralen Beobachters. Geübt werden die Beachtung und der Erstkontakt mit dem Kunden. Nach jedem Durchlauf wird reflektiert, wie sich das Verhalten jeweils angefühlt hat.<br>Sie werden die Teilnehmer mit der Wirkung scheinbar kleiner Dinge überraschen. Zum Beispiel kann es entscheidend sein, wo genau der Teilnehmer im Verhältnis zum Kunden steht. Eine kleine Positionsveränderung kann von einem abweisenden zu einem einladenden Eindruck führen.<br>Oftmals sind die angenehmsten Kontaktaufnahmen ganz einfach: Lächeln und Fragen „Kann ich Ihnen eine Frage beantworten?", deckt viele Situationen bereits ab.<br>Im Spiel können Sie verschiedene Techniken ausprobieren und gemeinsam reflektieren. |
| Etablieren | Ein beeindruckendes Beispiel für die Etablierung von Beachtung ist mir in Südafrika aufgefallen. Die Nedbank in Fish Hoek hatte vor den Kundenschaltern ein Schild angebracht. Sinngemäß war dort zu lesen: Wenn Sie nicht innerhalb von 60 s von einem unserer Mitarbeiter (per Ansprache, Augenkontakt oder Anlächeln) kontaktiert werden, melden Sie dies bitte bei unserem Management."<br>Mir nicht bekannt, ob das von irgendeinem Kunden jemals in Anspruch genommen wurde. Allerdings kann ich sagen, dass der Service der Bankangestellten außergewöhnlich gut war.<br>Eine sehr wirkungsvolle Methode der Etablierung von Beachtung ist das Eingangsritual. Begrüßen Sie Ihre Mitarbeiter und Kollegen bei Meetings, wenn möglich und passend, mit Augenkontakt, Namen und Handschütteln. Sie werden feststellen, dass das anschließende Meeting angenehmer verläuft.<br>Die Kunst ist es, die richtige Balance zwischen Beachtung und Freiheit zu finden. Vielleicht möchten sich Kunden oder Kollegen erst einmal orientieren oder Zeit für sich haben, bevor sie Beachtung erhalten. Je häufiger Sie und Ihr Team Beachtung üben, desto besser werden Sie das richtige Maß finden. |

### 6.3.5   Positive Führung

### 6.3.5.1   System ändern

**Ausgangslage**

Stellen Sie sich vor, es kommt jemand zu Ihnen, um bei der Lösung eines Problems zu helfen. Haben Sie in solchen Gesprächen manchmal das Gefühl, das führt zu nichts? Da redet man und redet, die Situation wird immer komplizierter und vernebelter, es zeichnet sich keine Lösungsidee ab? Am Ende des Gesprächs fühlen Sie sich kraftlos, vielleicht genervt und sind keinen Schritt weiter als vor dem Gespräch?

Für solche Fälle bietet diese Übung einen Ausweg. Durch diese Übungen konnte ich schon unzählige Aha-Momente erzeugen. Sie ist – wenn auch erst einmal ungewöhnlich – enorm wirkungsvoll (Tab. 6.10).

**Hintergrund**

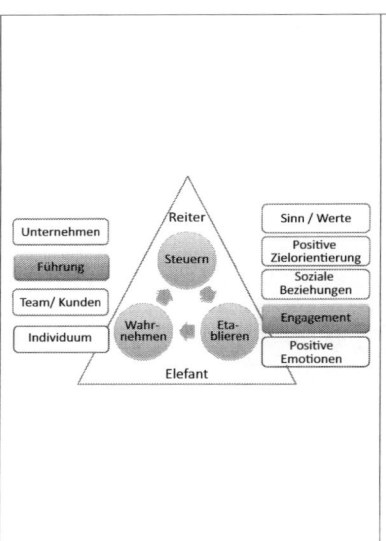

In Abschn. 5.4 wird beschrieben, dass Salutogenese neben Handhabbarkeit und Sinnhaftigkeit auf Verstehbarkeit basiert. Die tragende Rolle der „Verstehbarkeit" deckt sich mit den Ideen des Systemischen Denkens (siehe Abschn.5.3).

Um ein System zu verstehen, hilft es, dieses sichtbar zu machen. Depersonalisierte Objekte (wie zum Beispiel kleine Holzklötze) helfen dabei, aus der vernebelten Gebundenheit des Elefanten herauszukommen und eine bewusste Übersicht zu erhalten.

Durch die Neuanordnung dieser Objekte (Repräsentanten) ergeben sich neue Gedanken wie in einer Simulation. Der Elefant erhält ständig Gelegenheit, die neuen Anordnungen zu erfühlen, bis sich ein konkreter Gedanke entwickelt, der zu einer bewussten Lösung führen kann.

Das Positive daran ist, dass die Lösung nicht von Ihnen kommt, sondern Sie dabei helfen, dass der Gesprächspartner selbstbestimmt, autonom und mit Selbstwert auf die Lösung kommt.

## Übungen

**Tab. 6.10** Führung – System ändern

| Wahrnehmen | Um ein System sichtbar zu machen, nehmen Sie sich eine Anzahl von min- destens 10 Gegenständen. Das können die Dinge auf dem Tisch sein vom Stift bis zum Mousepad (die professionellere Lösung sind kleine Holzklötze, die es im Spielwarenhandel zu kaufen gibt oder Sets, die eigens unter dem Stichwort „Repräsentantenarbeit" angeboten werden). Zusätzlich legen Sie sich Hand- tellergroße Papierdreiecke zurecht, die Sie vorher zum Beispiel aus einem Din A4-Blatt erstellt haben. |
|---|---|
| | Fragen Sie Ihren Gesprächspartner, wie er das Problem betiteln möchte. Zunächst soll das Problem nicht erklärt (Beispiel: Ich kann die Deadline nicht einhalten, weil Herr Mustermann …), sondern wirklich nur ein Titel gefunden werden. Unterbrechen Sie an dieser Stelle, wenn Ihr Gegenüber bereits in die Erläuterung geht. Halten Sie den Titel fest (Deadline nicht einhaltbar). Fragen Sie dann, was stattdessen das gewünschte Ziel ist. In diesem Fall vielleicht: Herr Mustermann soll das nächste Mal seine Ergebnisse in der gesetzten Frist liefern, damit ich wiederum meine Deadline halten kann. Der Titel könnte also lauten: Die Deadline einhalten können. |
| | Bitten Sie ihr Gegenüber nun, alles, was zum Erreichen dieses Ziels notwen- dig ist, mit einem der Gegenstände darzustellen – auch Dinge, die das Ziel behindern. Das können sein: Personen, Eigenschaften, materielle Ressourcen, äußere Umstände, Hindernisse. Werden Personen dargestellt, bitten Sie darum, eines der vorbereiteten Dreiecke zu jeder Person zu legen. Ein Dreieck soll jeweils so zur Person gelegt werden, dass es als Blickrichtung dient. Für das Beispiel stehen und liegen jetzt auf dem Tisch: Ihr Gesprächspartner, dargestellt durch einen kleinen Pokal, das Mousepad als Abgabetermin, genau zwischen dem Pokal und dem Mousepad Herr Mustermann als Kugelschreiber usw. Der Pokal schaut zum Mousepad. Der Kugelschreiber sieht jedoch nicht zum Ziel, sondern zum Pokal. Fahren Sie mit der Übung fort, bis alle entscheidenden Beteiligten, Ressourcen und Hindernisse dargestellt sind. |
| | Wenn es viele Gegenstände sind, ist es vielleicht hilfreich, auf die Richtungs- pfeile zu schreiben, was der Gegenstand repräsentieren soll. Alleine dieser Teil der Übung kann schon zu mehr Klarheit und neuen Erkenntnissen führen. Gehen Sie als nächstes zum „Steuern" über. |

**Tab. 6.10** (Fortsetzung)

| Steuern | Sie dürfen nun Fragen stellen, die immer gleich aufgebaut sind: „Ich sehe, dass …. Und hilft es wenn …". Die Frage bezieht sich also immer auf die Gegenstände auf dem Tisch. Beispiel: „Ich sehe, dass Herr Mustermann genau zwischen Ihnen und dem Ziel steht. Hilft es, wenn Herr Mustermann den Weg einen Stück frei macht?" Oder „Ich sehe, dass das Mousepad sehr weit weg steht. Und hilft es, wenn das Mousepad ein wenig näher rückt?" Oder „Ich sehe, dass der Pokal (Sie selbst) hier etwas alleine da steht. Und hilft es, wenn Sie noch ein paar Ressourcen hinter sich – also den Pokal – stellen?" Geeignete Fragen beziehen sich auf: |
|---|---|
| | – Die Position eines Gegenstands |
| | – Das Hinzufügen oder Wegnehmen eines Gegenstands |
| | – Die Änderung der Blickrichtung |
| | – Das Austauschen eines Gegenstands mit einem anderen Symbol |
| | Diese Art des Fragens braucht einige Übung. Man ist leicht verführt, wieder in das „Warum", „Denkst du nicht, dass" oder „Mach doch einfach" zu verfallen. Machen Sie Ihre Erfahrungen. Wenn es Ihnen so geht, wie den meisten meiner Teilnehmer, werden Sie sich einen konstruktiveren Fragestil angewöhnen und Menschen auf effiziente Art helfen können. Fragen Sie während der Übung immer mal wieder danach, ob die Struktur jetzt so befriedigend ist oder Sie weiter machen sollen – vor allem dann, wenn der Gesprächspartner Zeichen sendet, wie Nicken, etwas wie „Ja, so geht es" sagt oder an der Struktur nichts mehr ändern möchte. |
| | Im Anschluss an die Übung ist nun wichtig, einen nächsten praktischen Schritt zur Erreichung der neuen Struktur zu finden. Fragen Sie also Ihren Gesprächspartner etwas wie: „Was kannst du die nächsten Tage konkret tun, um die Situation hier zu erreichen?" Gehen Sie dabei SMART vor (siehe A.5), um anschließend die Zielerreichung anzustreben (siehe A.2). |
| Etablieren | Zur Etablierung ist wie immer wichtig, sich im geeigneten Moment an die Technik zu erinnern. Sie benötigen also Anker, die Ihnen den Einstieg erleichtern. Ein hilfreicher Anker ist es, ein paar Gegenstände auf dem Tisch zu platzieren, die Sie normalerweise nicht verwenden, die aber für die Übung sinnvoll sind. Das können kleine Holzklötze sein oder ein kleiner Pokal, den Sie immer dann sehen können, wenn Sie mit einem Gesprächspartner am Tisch sitzen. Sie können sich zusätzlich eine Karte oder einen Klebezettel erstellen mit „Ich sehe … Und hilft es wenn …". |
| | Je häufiger Sie die Übung beruflich oder privat einsetzen, desto besser werden Sie wertfreie Hilfestellung geben können und Ihr Gegenüber empathisch verstehen. |
| | Wenn Sie sich mit der Übung sicher fühlen, können Sie weitere Personen als Helfer einbeziehen. Sie als Moderator achten darauf, dass nur die eine Frageform eingehalten wird, die sich auch immer nur auf die sichtbare Struktur bezieht. So können sie ganze Gruppen moderieren, z. B. das Erreichen eines schwierigen Abteilungsziels auf dem Boden aufstellen und gemeinsam bearbeiten. |
| | Diese gesamte Technik benötigt in der Steuerung länger als die befehlende Vorgabe von Lösungen. Über die Etablierung und damit die schrittweise Übernahme der Problemlösung durch Ihre Kollegen und Mitarbeiter gewinnen Sie die Zeit, sich um die eigentlichen Aufgaben der Steuerung des Unternehmens zu kümmern. |

### 6.3.5.2   Positive Kommunikation – Lösungssuche statt Konfliktbearbeitung

**Ausgangslage**

Besteht ein großer Teil Ihrer Arbeit darin, die Probleme anderer zu lösen? Fühlen Sie sich als Feuerwehr, die von einem Brand zum nächsten gerufen wird? Denken Sie, dass Ihre Mitarbeiter oder Kollegen ihre Probleme meist selbst lösen könnten? Hätten Sie stattdessen gerne mehr Zeit für die Bearbeitung Ihrer eigenen Aufgaben?

Wenn diese Fragen von Ihnen mit „Ja" beantwortet werden, ist diese Übung genau das richtige für Sie (Tab. 6.11).

**Hintergrund**

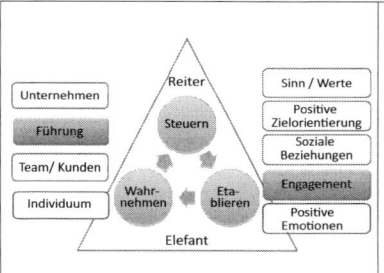

Eine der Hauptaufgaben von Führung ist das Lösen von Problemen. Eine der Hauptaufgaben von *positiver* Führung ist es, das Lösen von Problemen zu unterstützen (siehe Abschn. 5.7). Wenn Sie die Mitarbeiter in die Konfliktlösung einbeziehen, stärken Sie soziale Beziehungen, Engagement, Zielerreichung und Sinn. Dadurch erhöhen Sie langfristig die Zufriedenheit der Mitarbeiter (siehe Abschn. 5.5). Für das Unternehmen lohnt sich das durch die Reduzierung von Kosten und Effizienzsteigerung (siehe Kap. 3).

**Übungen**

**Tab. 6.11**  Führung – Positive Kommunikation – Konflikte lösen

| Wahrnehmen | Nehmen wir an, Sie gehen in einem Büro durch den Flur. Ein Mitarbeiter oder Kollege kommt zu Ihnen und fragt Sie um Rat. Der erste Gedanke, der sich auf dem Flur einschleichen könnte, wäre: „Ich habe jetzt keine Zeit dafür.". Es liegt allerdings oftmals nicht an der Ressource Zeit, sondern daran, wie Sie diese investieren wollen. Es mag Ihnen so vorkommen, dass Sie keine Zeit in die Unterstützung von Problemlösung einsetzen können. Vor allem, wenn Sie bereits eine klare Vorstellung haben, wie das Problem zu lösen ist. Aber bedenken Sie: Der Mitarbeiter wird immer wieder auf Sie zukommen, um seine Probleme gelöst zu bekommen. Die investierte Zeit zur Unterstützung von Problemlösung lohnt sich langfristig, da immer mehr Probleme eigenständig von den Mitarbeitern gelöst werden. Es liegt allein an Ihnen als Führungskraft, ob Sie langfristig entlastet werden möchten. Nehmen Sie diese Situationen also wahr. |
|---|---|

**Tab. 6.11**  (Fortsetzung)

| Steuern | Wenn möglich, setzen Sie sich mit dem Mitarbeiter oder Kollegen an einen ruhigen Ort. Geben Sie den Rahmen vor. Erläutern Sie also in Kürze, dass 1. Sie wenig Zeit haben, aber sich die wenige Zeit nehmen, um den Mitarbeiter zu unterstützen. 2. Sie sich zunächst das Problem anhören werden. 3. Sie gemeinsam einen Lösungsansatz erarbeiten. 4. Sie kurz besprechen, ob der Mitarbeiter alle Ressourcen zur Lösung zur Verfügung hat oder was er noch braucht. 5. Sie dann gemeinsam das Vorgehen zur Lösung besprechen. In vielen Fällen besteht die Herausforderung darin, von Punkt 2 zu Punkt 3 zu kommen. Hier hilft Ihnen die Übung zur Änderung eines Systems Abschn. 6.3.5.1). Wenn der Mitarbeiter sich die nötigen Ressourcen nicht beschaffen kann, ist Ihr direktes Eingreifen gefragt. In allen anderen Fällen können Sie dem Mitarbeiter die Hauptarbeit zur Lösung überlassen. Sie können sich für das Vorgehen an der Checkliste für Zielerreichung orientieren (siehe A.2). Sollte der nicht unwahrscheinliche Fall auftreten, dass zwar das Problem bekannt, aber keine Idee zur Lösung vorhanden ist, wenden Sie die Übung Autonome Workshops an (Abschn. 6.3.3.3). |
|---|---|
| Etablieren | Schnell verfällt die Führungskraft wieder in das alte Muster, einen Konflikt selbst schnell aus der Welt zu schaffen. Auch Mitarbeiter sollten sich daran gewöhnen, Eigenverantwortung für Konfliktlösung zu übernehmen. Daher braucht es Hilfestellung für eine Etablierung dieses Vorgehens. Eine Möglichkeit ist es, die Mitarbeiter zu instruieren, vor jedem Gespräch folgende Fragen bereits beantwortet zu haben: Wie sieht die Situation aus, wenn der Konflikt gelöst ist? Was brauche ich, um diesen Zustand zu erreichen? Zusätzlich können Sie sich die Checkliste (A.2) an den Ort legen, den Sie für Gespräche mit Mitarbeitern bevorzugen. Wenn Sie das Gefühl haben, Stärke zeigen zu müssen, können Sie die Listen vor dem Gespräch nochmal unbeobachtet durchgehen, damit Sie keine Hilfsmittel während des Gesprächs benötigen. Oder/Und geben Sie die Liste an Ihre Mitarbeiter und Kollegen weiter, damit sie immer mehr Aufgaben eigenständig lösen oder vor dem nächsten Hilferuf besser vorbereitet sind. Sie werden sehen, dass Sie damit die Gespräche langfristig reduzieren, verkürzen und produktiver gestalten. |

### 6.3.5.3   Positive Kommunikation – Zielvereinbarungsgespräche

**Ausgangslage**

In meinen Workshops zu Zielvereinbarung prallen von Zeit zu Zeit überspitzt gesagt zwei Meinungen aufeinander. Das Management ist der Ansicht: „Meine Mitarbeiter wissen, was zu tun ist. Ich habe mich da klar ausgedrückt." Einige Mitarbeiter sind der Meinung: „Nie wird mir eindeutig gesagt, was ich zu tun habe. Mein Chef wirft mir etwas zu und ich muss dann sehen, wie ich das irgendwie hinbekommen kann."

Hier hilft die nochmalige Beschäftigung mit dem Thema „Zielvereinbarungsgespräche" – auch wenn Sie erst einmal folgender Meinung sein sollten: „Bei mir läuft alles prächtig. Meine Mitarbeiter wissen auch so, was sie zu tun haben." (Tab. 6.12)

**Hintergrund**

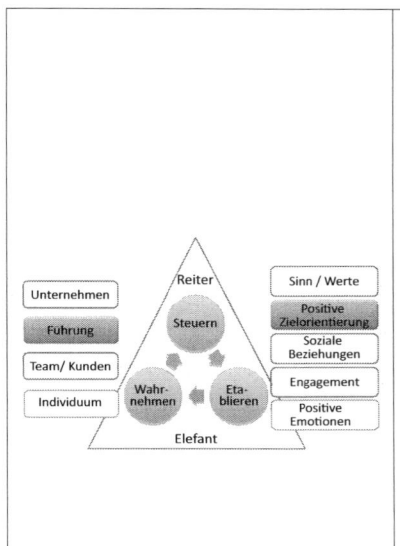

Eine der größten Herausforderungen bei Zielvereinbarungsgesprächen (im Sinne von regelmäßigen Ganz-, Halb- oder Vierteljahresvereinbarungen inklusive Feedback) ist es, sie überhaupt regelmäßig und strukturiert stattfinden zu lassen. Dieses Instrument wird in verschiedenen Unternehmen und jeweils verschiedenen Abteilungen unterschiedlich intensiv eingesetzt. Ausschlaggebender Faktor ist dabei oft die Führungskraft. Auch, wenn ein solch regelmäßiges Gespräch grundsätzlich als sinnvoll gesehen wird, wird es doch im Alltagsgeschäft eher als lästig empfunden. Der Wert solcher Gespräche ist jedoch ungemein hoch und sollte nicht unterschätzt werden. Die dringende Empfehlung dieses Buches ist es, mindestens zweimal pro Jahr ein Mitarbeitergespräch mit jedem Mitarbeiter durchzuführen. Dieses Gespräch fördert besonders die positive Zielorientierung und das Engagement Ihrer Mitarbeiter. Und das wiederum fördert die Leistung und Mitarbeiterzufriedenheit nachhaltig.

Hier werden Ziele jedoch nicht einseitig und emotionslos vergeben. Das besondere an Positiver Führung ist der Einbezug der Emotionen, der Stärken und Ideen des Mitarbeiters.

**Übungen**

**Tab. 6.12** Führung – Kommunikation – Zielvereinbarungsgespräch

| | |
|---|---|
| Wahrnehmen | In diesem Sinne besteht der Aspekt der Wahrnehmung vor allem darin, dass der Termin überhaupt wahrgenommen wird, also stattfindet. Auch wenn Sie keine regelmäßigen Termine geplant haben, können Sie das Zielvereinbarungsgespräch als Instrument im Hinterkopf behalten. Nehmen Sie vereinzelte Gespräche und Unsicherheiten der Mitarbeiter wahr, um Ihnen ein Zielvereinbarungsgespräch anzubieten. |
| Steuern | Für Positive Führung ist es entscheidend, dass Sie neben dem Reiter auch den Elefanten berücksichtigen. Sie müssen die Gefühlsebene des Mitarbeiters einbeziehen. |
| | Ein Gespräch dieser Art könnte so ablaufen: |
| | – Allgemeines Befinden des Mitarbeiters (siehe auch Abschn. 6.3.3.2) |
| | – Ziele, die besprochen werden sollen (nach Checkliste siehe A.2) |
| | – Wenn Probleme auftauchen, siehe Abschn. 6.3.5.2 |
| | – Kurzes Blitzlicht („Wie fühlen Sie sich mit der Vereinbarung?) |
| | – Gibt es von Seiten des Mitarbeiters sonstige Ideen, die bisher nicht besprochen wurden? |
| | – Vereinbarung des Folgetermins |
| | – Herzliche Verabschiedung |
| | Auf diese Weise werden Zielvereinbarungen für beide Seiten zu einer positiven Erfahrung. |
| Etablieren | Legen Sie sich einen Ablaufplan in Ihr Arbeitszimmer. Ein solches Formblatt macht auch dadurch Sinn, dass es mit Ihren Notizen des Gesprächs als schnelles Protokoll verwendet wird. Das macht das Gespräch verbindlich und für das nächste Gespräch nachvollziehbar. Natürlich können sich auch die Mitarbeiter auf das Gespräch vorbereiten, da der Verlauf immer ähnlich ist. |
| | Sorgen Sie am Ende eines Termins gleich für den nächsten. Sie können dem Formblatt noch weitere Kriterien z. B. als 10er Skala hinzufügen, wie „Eigene Zufriedenheit mit dem Gespräch", „Gefühlslage des Mitarbeiters", „Initiative des Mitarbeiters" usw. |
| | Eine Arbeitsvorlage finden Sie im Anhang, siehe A.7. |

### 6.3.5.4  Noch mehr positive Führung

Sie haben hier verschiedene Beispiele erlebt, wie positive Führung unterstützt werden kann. Es gibt noch einige Ansätze mehr. Hier zu Ihrer Anregung ein paar Übungsfelder:

* Sich für die Mitarbeiter Zeit nehmen, Ansprechpartner sein
* Nicht nur Aufgaben delegieren, sondern Verantwortung an die Mitarbeiter abgeben
* Die Entwicklung der Mitarbeiter fördern und regelmäßig besprechen
* Freiräume schaffen, in denen die Mitarbeiter entscheiden können, was zu tun ist
* Ideen aufnehmen und kanalisieren
* Emotionen wahrnehmen, positive Emotionen fördern und langfristig unterstützen

- Positive soziale Beziehungen etablieren
- Funktionierende Teams bilden und fördern
- Hauptsächlich vom Bestimmer zum Coach werden

## 6.3.6    Positives Unternehmen

### 6.3.6.1    Autonomie als Unternehmensprinzip

**Ausgangslage**

Poult ist einer der größten Kekshersteller Europas. 2001 geriet das Unternehmen in wirtschaftliche Schieflage. Die Sanierung des Unternehmens sah anders aus, als man sich das üblicherweise vorstellt. Die Mitarbeiter wurden aufgerufen, Lösungsvorschläge zu erarbeiten. Zur Überraschung der Mitarbeiter wurden diese Vorschläge ernst genommen. Unter anderem veränderte sich die Aufgabe von Abteilungsleitern (damals „Linienführer" genannt) zu Coaches, die die Mitarbeiter bei ihrer Arbeit unterstützen. Alle Entscheidungen werden in kleinen Mitarbeitergruppen getroffen. Auch die Urlaubs- Produktions- und Anwesenheitsplanung und sogar Investitionsentscheidungen werden von den Teams durchgeführt. Es gibt keinen Betriebsrat mehr. Damit die richtigen Entscheidungen getroffen werden können, müssen die Unternehmensdaten allen zugänglich sein. Transparenz wird essentiell.

Das hat das Arbeitsgefühl einschneidend verändert. Mitarbeiter genießen ihre Mitbestimmung. Kollegen werden zu Kunden und Mitstreitern. Auch dem Unternehmen hat der Prozess gut getan. Das Unternehmen verzeichnete eine Umsatzsteigerung von 12 % [4]. Es gewann 2010–2013 mehrere Preise für das innovative und erfolgreiche Konzept.

Veränderungen dieser Art sind umfangreich. Sie können aber auch klein anfangen. Hier ein Beispiel (Tab. 6.13).

**Hintergrund**

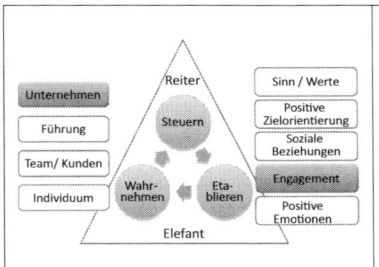

| | Autonomie ist ein entscheidender Faktor der Arbeitszufriedenheit (siehe Abschn. 3.2). Um jedoch mehr Autonomie langfristig in einem Unternehmen zu etablieren, sind größere Umstrukturierungen notwendig, die nicht nur die Mitarbeiter, sondern auch das Management betreffen. Oft geht der Prozess mit der Einführung flacher Hierarchiestrukturen einher. Manager erhalten neue Aufgaben vom Bestimmer zum Berater usw.. |

**Übungen**

**Tab. 6.13** Positives Unternehmen – Autonomie fördern

| Wahrnehmen | Sie können für das Thema Autonomie den gesamten Prozess der positiven Evolution verwenden. Ein Weg zur Wahrnehmung ist also die Vorbereitungsphase (siehe Abschn. 6.1) und die Messung (siehe Abschn. 6.2). |
|---|---|
| Steuern | Zur Steuerung können Sie nun Autonome Workshops einsetzen (Abschn. 6.3.3.3), um vorher definierte Aufgaben (siehe A.2) zu bearbeiten. Prüfen Sie die Umsetzung durch Evaluierung (siehe Abschn. 6.4). |
| Etablieren | Damit Autonome Workshops zu einem Unternehmensprinzip werden, ist die Schaffung von Strukturen und Verantwortlichkeiten notwendig. Hierzu finden Sie einige Beispiele in Abschn. 6.5. |

## 6.3.6.2  Unternehmenswerte überprüfen

**Ausgangslage**

„Klar haben wir Unternehmenswerte. Die stehen auf unserer Webseite. So im Einzelnen kann ich die jetzt auch nicht aufsagen." Das höre ich fast immer, wenn ich im Vorfeld eines Workshops die Manager oder Mitarbeiter nach deren Unternehmenswerten befrage. Das ist dann ein Problem, wenn man sich an zentralen Werten orientieren sollte – z. B. wenn das Unternehmen gerade in kritischer Diskussion in der Presse steht und an seinem Image arbeiten muss oder ganz einfach bei der Einarbeitung neuer Mitarbeiter. Werte sind Grundlage von Handeln. Aber welche? Um sich darüber Klarheit zu verschaffen, hilft Ihnen die folgende Übung (Tab. 6.14).

**Hintergrund**

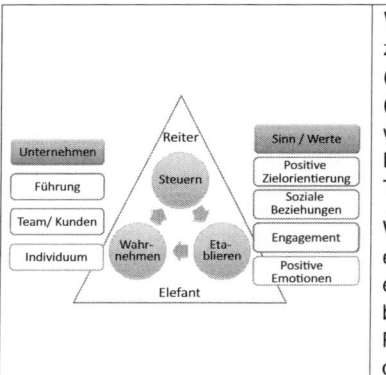

Werte geben den Rahmen für Sinnhaftigkeit, eine der zentralen Säulen für Zufriedenheit nach der Salutogenese (siehe Abschn. 5.4 ) und der Positiven Psychologie (siehe Abschn. 5.5.2). Zufriedenheit führt zu positiven wirtschaftlichen Effekten wie Bindung oder Leistung (siehe Kap. 3). Es lohnt sich also, die Sinnhaftigkeit im Tagesgeschäft zu erhöhen.

Werte sind etwas Bleibendes, hat man sie erst einmal für ein Unternehmen als Leitlinie erstellt. Allerdings gibt es einige Gründe, bereits bestehende Werte nochmals zu bearbeiten, wie Glaubwürdigkeitskrisen, großflächigen Personalwechsel in mittelständigen Unternehmen oder den  Aufbau einer neuen Abteilung.

## Übungen

**Tab. 6.14** Positives Unternehmen – Werte überprüfen

| Wahrnehmen | Nehmen wir für diese Übung an, es sollen Leitlinien für eine Abteilung erstellt werden. Die Leitlinien sollen später eine Orientierung geben bei Fragen wie: Wie wollen wir miteinander umgehen? Wie gehen wir mit Kunden um? Oder wo sind die Übereinstimmungen von Unternehmenswerten und Abteilungswerten? Sollten schon Leitlinien bestehen, können diese vor der Klebepunktbewertung als Ergänzung hinzugezogen werden. Es wird ein Team gebildet, das die Leitlinie bearbeiten oder erstellen soll. Das kann die Abteilungsführung sein, aber sinnvoller Weise auch eine Kombination mit ausgewählten Mitarbeitern. Die folgende Methode eignet sich auch für Teams, die weit größer als vier Personen sind. Ist dem so, wird in Kleingruppen mit je vier Personen unterteilt. Jede Kleingruppe bestimmt einen Protokollanten und überlegt sich, welche Werte für sie im Zusammenhang mit dem Unternehmen wichtig sind. Der Protokollant jeder Gruppe erstellt eine Liste der Werte Anschließend kommen alle Kleingruppen wieder zusammen. Es werden zunächst alle Werte vom Moderator auf jeweils eine Karte geschrieben, die in jeder Gruppe auf der List stehen also allgemein geteilt werden. Auch aufgenommen werden Werte, bei denen in den Gesichtern aller Beteiligter Zustimmung oder zumindest kein Widerstand zu lesen ist. Alle Werte, die zu kontroversen Diskussion führen oder von einigen Teilnehmern als unpassend empfunden werden, lassen Sie weg. Die Karten werden von den Teilnehmern mithilfe des Moderators auf dem Boden nach Ähnlichkeiten geordnet. Jeder Teilnehmer erhält drei Klebepunkte, die er nach Bedarf denjenigen Werte-Karten aufkleben darf, die ihm besonders wichtig sind. Dabei dürfen alle Punkte auch auf eine Karte vergeben oder verteilt werden. Im Anschluss werden die Karten mit den meisten Punkten auf einer Metaplan-Wand oder einem Magnetboard angebracht und sortiert. Aus dem Ergebnis können nun Leitsätze formuliert werden. |
| --- | --- |
| Steuern | Werte sind tot, wenn sie keine Anwendung finden. Wie man Werte in Handeln wandelt, das zeigt Ihnen Abschn. 6.3.6.3. |
| Etablieren | Haben sich die Werte im Arbeitsalltag etabliert, können sie als Leitlinie veröffentlicht werden, auf der Website, in den Verkaufs- und Meetingräumen usw. Sie können Rituale einführen. Zum Beispiel können Sie am Anfang eines Monatsmeetings mit der Frage starten: „Welchen Wert haben Sie in den letzten Wochen erfolgreich gelebt, wie haben Sie das gemacht und wie hat sich das angefühlt?" |

### 6.3.6.3   Werte in Handeln wandeln

**Ausgangslage**

Hatten Sie schon einmal mit einem Dienstleister zu tun, der nach außen das Motto „Bei uns ist der Kunde König" vertritt? Und ist es Ihnen schon mal passiert, dass Sie sich dort als ungebetenen Bittsteller empfinden? Sicher haben Sie schon Widersprüche zwischen Anspruch und Leistung erlebt. Das kann zu Enttäuschung führen. Aber auch im Arbeitsalltag ist es sinnvoll, wert-voll zu handeln. Aber wie soll man die Leitlinien des Unternehmens oder die eigenen Werte konkret umsetzen? Hier finden Sie einige Ideen dazu (Tab. 6.15).

**Hintergrund**

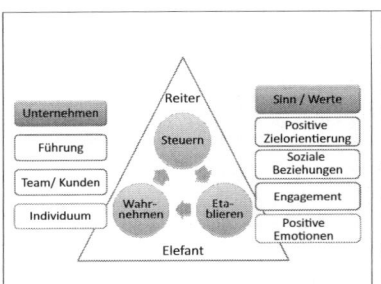

Wenn Sie bereits ein geeignetes Leitbild haben, ist es so lange nichts wert, wie es nicht gelebt wird. Werden bekannte Unternehmenswerte nicht in Handlung umgesetzt, kann es sogar bei Kunden und Mitarbeitern zu Imageschäden kommen. Ihre Wirkung entfalten Werte, wenn sie in die Arbeitsabläufe integriert sind. Somit schaffen Sie ein verbindliches Gerüst, an dem sich Führung, Kunden und Mitarbeiter orientieren können. Das schafft nicht nur Vertrauen und Stabilität, sondern auch Bindung.

**Übungen**

**Tab. 6.15**  Positives Unternehmen – Werte überprüfen

| Wahrnehmen | Die Übung geht davon aus, dass ein Leitbild bereits besteht und sich grundsätzlich bewährt hat. Sollte dies nicht so sein, steht Ihnen die Übung in Abschn. 6.3.6.2 zur Verfügung. Aber selbst, wenn es ein Leitbild gibt, heißt das noch lange nicht, dass es auch wahrgenommen wird.<br>Daher arbeite ich z. B. mit den Mitarbeitern einer Abteilung erst einmal ohne Vorgaben. Das Team soll sich (ggfs. in Kleingruppen) Gedanken machen, welche Werte für das Unternehmen zentral sind. Diese werden dann gemeinsam besprochen und anschließend mit den existierenden Leitlinien verglichen. Sind die Unterschiede zwischen Vorstellung und Leitlinie zu groß, ändert sich das Thema des Workshops. Gibt es jedoch große Überschneidungen, kann weiter an der Umsetzung gearbeitet werden.<br>Im nächsten mehrteiligen Schritt wird erarbeitet, in welchen Prozessen die Werte bereits umgesetzt werden. |
|---|---|
| Steuern | Nach der Wahrnehmung der Werte und deren momentaner Umsetzung wird erarbeitet, welche Prozesse und Handlungsmöglichkeiten es noch gibt. Einige Prozesse und Handlungsmöglichkeiten sind einfach umzusetzen, andere benötigen weitere Ressourcen. Soll z. B. der Wert Achtsamkeit für Kunden im Verkaufsraum gesteigert werden, sind vielleicht kleinere Veränderungen im Verkaufsraum notwendig.<br>Ein Arbeitsblatt hierfür finden Sie im Anhang. |

**Tab. 6.15** (Fortsetzung)

| Etablieren | Wollen Sie Leitlinien stärken, müssen Sie dafür sorgen, dass diese sichtbar sind. Um diese langfristig in Arbeitsprozesse zu integrieren, können Sie zum Beispiel einen kleinen Preis etablieren („Wertvolles Handeln des Monats"). Eine andere Möglichkeit ist die Einsetzung eines kleinen Werteteams, das regelmäßig Vorschläge erarbeitet. Bei der Erarbeitung neuer Prozesse sollten Sie einen Abgleich mit den Leitlinien durchführen und kurz prüfen, in wie weit die neuen Prozesse die Leitlinien unterstützen. |
|---|---|

### 6.3.6.4   Interne Informationen über das Unternehmen

**Ausgangslage**

„Ich fühle mich schlecht informiert über mein eigenes Unternehmen." „Muss ich denn aus den Nachrichten erfahren, was in meinem Unternehmen vorgeht?" „Was in meiner Abteilung passiert, weiß ich. Aber ich möchte auch wissen, was sich im Gesamtunternehmen tut."

Kennen Sie das? Wenn ja, ist diese Übung das Richtige für Sie. Es ist erstaunlich: Informationsdefizite sind eine der größten Faktoren für Unzufriedenheit und gleichzeitig grundsätzlich schnell und günstig zu beheben (Tab. 6.16).

**Hintergrund**

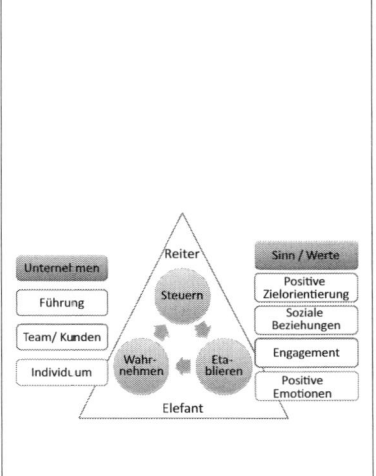

Nach der Salutogenese (Verstehbarkeit, siehe Abschn. 5.4) und der Positiven Psychologie (Sinnhaftigkeit, siehe Abschn. 5.5.2) sind Informationen wichtig, für die momentane Einbettung und die Perspektive des eigenen Handelns. Nach meiner Erfahrung haben Mitarbeiter ein starkes Bedürfnis, über die momentanen Vorgänge und die Zukunftsaussichten des Unternehmens informiert zu werden - auch wenn sie keine konkreten Vorstellungen haben, welche Informationen das sein sollen oder wie das geschehen soll.

Die hier vorgestellte Intervention bezieht sich auf bestimmte Firmeninformationen wie die aktuelle wirtschaftliche Lage, aktuelle Firmenstrategien (soweit öffentlich kommuniziert) und perspektivische Aspekte wie neue Produktreihen oder Lösungsansätze für wirtschaftliche Herausforderungen.

In Großunternehmen gibt es dafür in der Regel geeignete Systeme. In Klein- und Mittelständischen Unternehmen wird dieser Aufgabenbereich oft von anderen Abteilungen wie Marketing oder Personal nebenher sowie eher unorganisiert betrieben und geht häufig einmal unter. Sorgt man jedoch für einen geregelten und regelmäßigen Informationsfluss, trägt das zur Stabilität des Unternehmens und Wertschätzung der Mitarbeiter bei.

## Übungen

**Tab. 6.16** Positives Unternehmen – Informationspolitik – interne Informationen

| | |
|---|---|
| Wahrnehmen | Informationen über ein Unternehmen können unterschiedlich wahrgenommen und gefunden werden. Im Rahmen dieses Ansatzes reicht eine reine Pull Strategie nicht aus. D. h., dass Firmeninformationen im Rahmen des generellen Marketings in Form von Aktualisierung der Firmenwebsite zur Verfügung stehen und von den Mitarbeitern selbst aufgerufen werden können. Informationen müssen zudem „gepusht" werden, also den Mitarbeitern aktiv zugesandt werden. Zum anderen gibt es mindestens zwei Ebenen zu betrachten: Informationen über das Unternehmen insgesamt und über die eigene Abteilung. Für allgemeine Information ist eine Mischung aus persönlicher Mitteilung bei Meetings oder Firmenfesten in Kombination mit allgemeinen Verteilern sinnvoll. Für die Abteilung sind persönliche Mitteilungen (regelmäßig sowie nach Bedarf) geeignet. Dafür bieten sich Teammeetings oder Zielvereinbarungsgespräche an. |
| Steuern | Für den positiven Ansatz ist es entscheidend, Firmeninformationen mit den positiven Aspekten wie Sinnhaftigkeit zu verknüpfen, beispielsweise so: „Unser Unternehmen steht für soziale Verantwortung. Aufgrund der Branchenkrise XY sind wir leider dennoch gezwungen, die Abteilung XY aufzulösen. Dazu haben wir ein abteilungsübergreifendes Kompetenzteam zusammengestellt, um Ideen zu erarbeiten, wie die frei werdenden Mitarbeiter an anderer Stelle unterkommen können. Jetzt ist die soziale Verantwortung von uns allen gefragt. Helfen Sie mit, bringen Sie Ideen ein. Wenden Sie sich dafür bitte an YZ." Geplante Entwicklungen des Unternehmens sollten also möglichst mit den Unternehmenswerten verbunden werden. Diese können dann von den Abteilungen oder Teams in werteorientiertes Handeln heruntergebrochen werden (siehe Abschn. 6.3.6.3). Ein weiterer Aspekt der Steuerung ist das Zeigen von Wertschätzung, in dem Mitarbeiter in die Sammlung von Informationen auf Abteilungsebene einbezogen werden. Z. B. können im Laufe jeder Woche Vorschläge gemacht werden, welche Informationen beim Monatsmeeting weitergegeben werden sollen. Auch wenn dies wohl selten in Anspruch genommen wird, nimmt es dennoch die Mitarbeiter mit in die Verantwortung. Sollte der betraute Manager entscheiden, eine vorgeschlagene Information nicht zu integrieren, sind die Argumente dem Ideengeber mitzuteilen oder Alternativen der Platzierung der Information vorzuschlagen. Das erhält die Motivation weiter aufrecht. |
| Etablieren | Der Wert von regelmäßigen Informationen sollte nicht zu gering eingeschätzt werden. Daher lohnt es sich, in Informationswege zu investieren. Die Investition hängt stark von der Branche und Unternehmensgröße ab. Manchmal genügt es bereits, zwei freiwillige Personen mit der (zusätzlichen) Aufgabe zu betrauen, in anderen Fällen ist ein Informationssystem in Verbindung mit dem Intranet zu bedenken. Auch bei der Etablierung können Sie die Mitarbeiter einbeziehen. Deren Knowhow und Ideen sind wertvoll. |

### 6.3.7 Noch mehr PERMA

Die oben genannten Übungen sind Beispiele für eine Vielzahl von sinnvollen Maßnahmen. Dabei gilt, dass jede einzelne Maßnahme bereits eine positive Wirkung erzielt, wenn sie richtig angewendet wird. Soll jedoch eine nachhaltige und widerstandsfähige Wirkung gewünscht sein, empfiehlt es sich, zahlreiche Maßnahmen regelmäßig und vielfältig einzusetzen. Hier eine umfangreiche Liste als Anregung für Sie. Die Beispiele von oben erfüllen jeweils mehrere Zwecke. In den Tabellen sind sie entsprechend ihrem Schwerpunkt eingeordnet (Tab. 6.17–6.21).

**Tab. 6.17** Mehr PERMA – Positive Emotionen

| | |
|---|---|
| Humor einsetzen | |
| Selbstwahrnehmung der Emotionen und deren Auslöser | |
| Selbstwirksamkeit wahrnehmen | |
| Selbststeuerung stärken | |
| Flow nutzen | (siehe Abschn. 6.3.2.1) |
| Variation erhalten | |
| Achtsamkeit entwickeln | |
| Verständnis entwickeln | (siehe Abschn. 6.3.2.2) |
| Dankbarkeit empfinden | |
| Gelassenheit üben | |
| Kraft tanken | |
| Vertrauen in andere und ihre Fähigkeiten aufbauen | |
| Überhang (3:1) an positiven Emotionen etablieren | (siehe Abschn. 6.3.3.4) |
| Umgang mit negativen Emotionen | (siehe Abschn. 6.3.2.2) |
| Entspannung und Pausen | |
| Überstundenausgleich | |

**Tab. 6.18** Mehr PERMA – Engagement

| | |
|---|---|
| (Eigen-)Verantwortung übernehmen | |
| Eigenmotivation erkennen und nutzen | |
| Lösungsorientierung stärken | (siehe Abschn. 6.3.5.1 und Abschn. 6.3.5.2) |
| Autonomie: selbstbestimmtes Arbeiten | (siehe Abschn. 6.3.3.3 und Abschn. 6.3.6.1) |
| Mitsprache empfinden | |
| Handlungsspielräume schaffen | |
| Umsetzen eigener Ideen ermöglichen | |
| Over-Commitment erkennen und sich schützen, Überforderung reduzieren | |
| Abwechslung schaffen | |
| Unterforderung reduzieren | |
| Weiterentwicklung fördern | |

**Tab. 6.19** Mehr PERMA – Soziale Beziehungen

| | |
|---|---|
| Achtsamkeit für andere | (siehe Abschn. 6.3.4) |
| Empathie | (siehe Abschn. 6.3.3.2) |
| Kommunikation zur Stärkung sozialer Beziehungen | (siehe Abschn. 6.3.3.1) |
| Andere motivieren | |
| Wirkungsvoll belohnen | |
| Verantwortung übertragen | |
| Wertschätzung zeigen | |
| Vertrauen herstellen | |
| Zugehörigkeit stärken | |
| Kooperation und Teamwork üben | |
| Konstruktives Feedback geben | |
| Rituale etablieren | |
| Freundliche Stärke zeigen | |
| Freundliche Abgrenzung beherrschen | |
| Gemeinsamer Umgang mit Fehlern | |
| Konstruktiver Umgang mit Konflikten | |

**Tab. 6.20** mehr PERMA – Positive Zielorientierung und -erreichung

| | |
|---|---|
| Ziele und Wege verstehen | |
| Fähigkeiten aneignen | |
| Ziele erreichbar gestalten | (siehe Abschn. 6.3.5.3) |
| Verbindung schaffen zu Emotion/Motivation | |
| Ressourcen akquirieren | |
| Werkzeuge | |
| Zeit | |
| Konzentration | (siehe Abschn. 6.3.2.4) |
| Geld | |
| Arbeitskraft | |
| Arbeitsumfeld schaffen: z. B. unterbrechungsfrei, lärmarm | |
| Ruhepausen einplanen | |
| Erwartungen formulieren | |
| Umgang mit Blockaden | |
| Arbeitsabläufe planen | |
| Aus Nicht-Erreichung lernen: Überforderung reduzieren, Teilziele erarbeiten | |

**Tab. 6.21** Mehr PERMA – Sinnhaftigkeit

| Transparenz schaffen | (siehe Abschn. 6.3.6.4) |
|---|---|
| Werte entwickeln | |
| Zusammenhänge erkennen | |
| Eigene Aufgabe im Ganzen erkennen | (siehe Abschn. 6.3.6.3) |
| Ganzheitlichkeit herstellen | |
| Folgen meines Handelns erkennen | |
| Eigene Wichtigkeit erkennen | |
| Perspektive geben | |
| Unternehmensziele definieren | (siehe Abschn. 6.3.6.2) |
| Akzeptanz anderer Sinnvorstellungen | |

## 6.4 Evaluation der Wirkung

Sie sollten den Erfolg Ihrer Interventionen immer messen. Die Gründe hierfür:

- Spreu vom Weizen trennen, bzw. Ermittlung der weniger wirksamen Interventionen, um sie auszusortieren
- Nachweis der Wirksamkeit zu Ihrer Absicherung und zur Rechtfertigung der aktuellen und zukünftigen Investitionen

Die einfachste Methode ist es, die Messung der Ausgangssituation zu wiederholen (gegebenenfalls muss der Fragebogen dazu angepasst werden).

Sind die Werte nicht besser geworden, kann dies an externen Faktoren liegen, die den Erfolg verhindert haben, oder die Intervention passte nicht zum Ziel. Der Prozess beginnt also wieder bei der Zieldefinition für die nächste Phase (Faktoren eliminieren oder andere Interventionen starten oder Ziel verändern). Haben sich die Werte in Ihrem Sinne gebessert, können Sie Ihren Erfolg feiern und neue Ziele angehen.

## 6.5 Etablierung des Gesamtkonzepts

Für jede Intervention ist es notwendig, für die Etablierung zu sorgen. Nur wenn Verhalten immer wieder geändert wird, kommt es zur positiven Evolution der Unternehmenskultur. Daher finden Sie für jede Intervention in Abschn. 6.3 Vorschläge zur Etablierung.

Unabhängig von einzelnen Übungen gibt es für Unternehmen Möglichkeiten, für Etablierung zu sorgen. Hierfür gibt es immer zwei entscheidende Säulen: Strukturen und Menschen. In diesem Abschnitt finden Sie Beispiele, wie Sie Strukturen für die Etablierung von positiven Interventionen schaffen können und Menschen in die Verantwortung bringen.

### 6.5.1   Chief Officer of Happiness (CHO)

Wenn Sie Ziele erreichen wollen, brauchen Sie Menschen, die für die Einzelschritte und für das größere Ganze verantwortlich sind. Im Moment noch belächelt aber immer häufiger in der Presse sind eigens dafür geschaffene Posten. Sie werden unterschiedlich betitelt, zum Beispiel CHO (Chief Happiness Officer), Happiness Manager, Corporate Happiness Manager [5].

Die Hauptaufgaben sind die Einführung, die Aufrechterhaltung und Messung von positiven Interventionen. Ein weiterer Aufgabenbereich ist die Vernetzung mit anderen Abteilungen und das Reporting der Gesamtzufriedenheit sowie dessen Verbesserungspotentials an die Geschäftsführung. Das ist aus Sicht des hier vorgestellten Ansatzes durchaus sinnvoll.

Junge dynamische Unternehmen verankern diese Position tatsächlich direkt im Vorstand. Beispiele hierfür sind Google, Zappos (Online-Händler) oder Wohoo (dänisches Start-up mit Schwerpunkt „Happiness at Work").

Es ist natürlich auch denkbar, dass Gesundheitsexperten diese Aufgabe übernehmen, da physische wie psychische Gesundheit miteinander vernetzt sein sollte. Allerdings müssen auch dann entsprechende Ressourcen zur Verfügung gestellt werden. Die Gesundheitsabteilung sollte entsprechend vernetzt sein mit anderen Abteilungen wie HR und Marketing.

### 6.5.2   Struktur für Krisenresistenz

Wenn man an ganzheitliche Programme für mehr Zufriedenheit und Widerstandsfähigkeit denkt, kommt einem eher die New Economy in den Sinn. Dass auch traditionelle Firmen für die psychische Gesundheit der Mitarbeiter sorgen, zeigt das Beispiel Shell. Dr. Alistair Fraser, Vice President Health, stellte auf der Europäischen Konferenz für Positive Psychologie ein beeindruckendes Konzept vor. In 53 Ländern wurden für Shell-Mitarbeiter selbst organisierte Lern- und Austauschgruppen angeboten, die sich jeweils zu Themen trafen wie Kennenlernen, Zielerreichung, das Akzeptieren von Veränderungen oder Werteorientierung. Dabei wurde vor allem der Rahmen zur Verfügung gestellt durch Zeit, Meetingräume und schriftliche Anleitung zur Durchführung sowie zu den jeweiligen Themen. Die Organisation und Durchführung wurde den Mitarbeitern überlassen. Es wurden also zur Durchführung keine externen Experten benötigt. Dies wäre für ein Unternehmen mit über 90.000 Mitarbeitern in 120 Ländern wirtschaftlich unattraktiv gewesen.

Regelmäßig wurden bei den Teilnehmern Befragungen durchgeführt. Die Studienresultate nach 9305 Gruppentreffen zeigten, dass die Widerstandsfähigkeit gegen Krisen (im Fachjargon „Resilienz") und damit die Mitarbeiterzufriedenheit deutlich anstieg. Ein erfolgreiches Beispiel für positive Unternehmensevolution.

### 6.5.3 Mitarbeiterknowhow nutzen

Magith Noohukhan ist Evangelist bei Xing. Die Xing AG betreibt eine Online-Plattform für das Social-Networking neuer und bestehender Business-Kontakte. Seine Aufgabe besteht unter anderem darin, die Innovationen und die Positionierung des Unternehmens national sowie international zu präsentieren und neue Geschäftsmöglichkeiten in aller Welt zu entdecken. Er berichtete mir von der Etablierung einer positiven Unternehmenskultur bei XING. Im Rahmen der „Innovation Week" kommt beispielsweise alle zwei Monate die gesamte Belegschaft für eine ganze Woche von Montag bis Freitag zusammen. Am ersten Tag wird der sogenannte „Marketplace" veranstaltet. Jeder Mitarbeiter hat die Möglichkeit, eine Idee zu präsentieren, die seiner Meinung nach in irgendeiner Form für die Mitarbeiter oder das Unternehmen nützlich ist. So kamen das letzte Mal um die 20 Ideen zusammen. Jeder der Teilnehmer kann anschließend entscheiden, an welchem Projekt er die Woche über mitarbeiten möchte. Am Freitag werden die Ergebnisse präsentiert. Das können Prototypen einer Programmierung sein oder Konzeptentwicklungen.

Seiner Ansicht nach ist dieses Tool ein entscheidender Faktor für Weiterentwicklung. Im Unternehmen kommen ca. 650 Mitarbeiter in sechs Ländern mit 36 Nationalitäten zusammen (Stand Mitte 2015). Daraus ergeben sich wertvolle Innovationen aus verschiedensten Blickwinkeln. „You have to listen and learn from the employees to be successful as a modern company" fasst er seine Erkenntnisse zusammen.

### 6.5.4 Best Practice

In vielen Unternehmen werden bereits Projekte zur physischen und psychischen Gesundheit durchgeführt. Diese können zentral gesammelt werden. In regelmäßigen Abständen werden Events veranstaltet, in denen die besten Beispiele präsentiert werden, um als Vorbild/Anregung für andere Abteilungen zu dienen. Die Ergebnisse können als Video zusammengefasst und im Rahmen des Firmenmarketings veröffentlicht werden. Besonders gelungene Beispiele können auf Messen und Konferenzen präsentiert werden.

**Beispiel**

Ein Beispiel für die medienwirksame Präsentation der Umbildung zu einer positiven Unternehmenskultur ist die Hotelkette Upstalsboom. Deren Video von 2013 hat sich schnell im Internet verbreitet.

Nach Angaben von Geschäftsführer Bodo Janssen war das Unternehmen bis 2010 auf Qualität und Wirtschaftlichkeit hin ausgerichtet. Zur großen Überraschung der Führung zeigte eine Mitarbeiterbefragung, dass die Mitarbeiter das Unternehmen und die Führung eher kritisch sahen. Das führte zu einem Umdenkprozess. „Wir haben alles geändert.". Die persönliche Weiterentwicklung von Führungskräften und Mitarbeitern rückte in den Mittelpunkt. Fähigkeiten wie das Zeigen von Anerkennung, Stärkenorientierung und Sinnfindung wurde durch Seminare gestärkt.

All das tat dem Unternehmen sehr gut, was sich in verringerten Krankheitstagen und der Verdopplung des Umsatzes zeigte. Das Resümee von Bodo Janssen: „Wertschöpfung durch Wertschätzung funktioniert".

Für all diese Maßnahmen benötigt es verantwortliche Personen (siehe Abschn. 6.5.1) mit dementsprechenden Ressourcen.

### 6.5.5   Ganzheitliche Interventionsstrategie

Einzelne Maßnahmen haben immer einen positiven Effekt, wenn sie glaubwürdig durchgeführt werden, auch wenn dieser nur kurzfristig ist. Je mehr Sie die Interventionen verzahnen, desto stärker und nachhaltiger wird der Effekt, da der Elefant seine Grundstimmung durch Schlüsselmomente und Einzelerfahrung nährt. Es ist also sinnvoll, das gesamte Modell im Auge zu behalten.

Beginnen Sie mit einem übersichtlichen Aspekt, der sich durch die Vorbereitung, Zieldefinition und Messung herauskristallisiert hat und sorgen Sie für die Etablierung und Evaluation. Anschließend beginnen Sie erneut mit dem Prozess. Unter Umständen sehen Sie, dass in dem ersten Aspekt noch einiges an Potenzial steckt. Dann fahren Sie fort mit weiteren Interventionen des gleichen Aspekts bis zur Etablierung. Wenn Sie durch die Evaluation feststellen, dass sich der Aspekt zufriedenstellend verbessert hat, gehen Sie zum nächsten über.

Im Idealfall sehen Sie die Weiterentwicklung Ihres Unternehmens nach dem Einmaleins der Positiven Evolution: mit mehr Sinn im wirtschaftlichen Handeln, positiver Zielorientierung und Produktivität, stabilen und wohltuenden sozialen Beziehungen, Engagement und Freude auf allen Ebenen von Unternehmensorganisation über Führung, Kunden/ Teams bis hin zum Mitarbeiter.

Ein weiterer Weg zur Ganzheitlichkeit ist die Verzahnung positiver Interventionen mit anderen Abteilungen wie Personal, Marketing, mit dem Gesundheitsmanagement und Betriebsärzten, dem Betriebsrat, der Sozialarbeit usw.

### 6.5.6   Dokumentation

Interventionen, Erfahrungsberichte und Messergebnisse sollten in jedem Fall dokumentiert und im Intranet gesichert werden. Nur so kann die Spreu vom Weizen getrennt und aus Projekten gelernt werden. Die Art der Dokumentation hängt von der Unternehmensgröße ab. Sie kann aus Word- und Excel-Dokumenten bestehen bis hin zu vorgefertigter Projektsoftware oder eigens für die eigene Projektverwaltung erstellte Module.

# Literatur

1. Diener E, Emmons RA, Larsen RJ, Griffin S (1985) The satisfaction with life scale. J Pers Assess 49:71–75
2. Meyers DG (2008) Psychologie. Springer Medizin Verlag, Heidelberg
3. Ben-Shahar T (2007) Happier: learn the secrets to daily joy and lasting fulfillment. McGraw-Hill, New York
4. ARTE (2015) Mein wunderbarer Arbeitsplatz. Filmbeitrag, ausgesendet am 24.02.2015. http://www.arte.tv/guide/de/051637-000/mein-wunderbarer-arbeitsplatz. Zugegriffen: 11. Mai 2015
5. Haas O (2015) Corporate Happiness als Führungssystem. Glückliche Menschen leisten gerne mehr. Erich Schmidt Verlag, Berlin

# FAQ bei „Positiven Interventionen"                                     7

**Zusammenfassung**

Selbst wenn man von den gegenwärtigen Problemen (Kap. 2) und der Sinnhaftigkeit von Positiven Interventionen (Kap. 3) grundsätzlich überzeugt ist, bleiben viele typische Fragen. Sie sehen in Abb. 7.1 das vom Autor entwickelte Modell des Wirkungskanals, der sich für eine Vielzahl von Fällen einsetzen lässt – Verhalten, Erleben, Kommunikation oder Intervention. Es eignet sich unter anderem dazu, zu erläutern, welches das Ziel dieses Buches ist und wie man Gegenargumenten gegen Positive Interventionen begegnen kann.

Die vertikale Achse der Abb. 7.1 erstreckt sich von unten spezifisch/konkret bis oben generell/abstrakt. Hier beispielhaft einige Begriffspaare:

| Universum | – | Atome |
| Unternehmensziele | – | Tätigkeit eines bestimmten Mitarbeiters, Montag 10 bis 10.30 Uhr |
| Familienfrieden | – | letzten Joghurt aufessen |

Häufig ist es sinnvoll, diese Achse im Auge zu behalten – egal, ob im Beruf oder Privatleben. Aus der systemischen Denkweise (siehe Abschn. 5.3) heraus ist letztlich jede Veränderung mit allen anderen Systemeinheiten verbunden. Wären uns die Folgen unseres Tuns häufiger bewusst, würden wir manchmal vielleicht anders handeln.

Wenn beispielsweise der Mensch den Regenwald vernichtet, wird sich das Klima verändern (eine Information auf relativ abstrakter Ebene). Das ist einem Arbeiter wohl selten bewusst, wenn er mit einem 60-Tonnen-Holzvollernter und dem Pausenbrot auf der Ablage durch die brasilianischen Bestände pflügt (spezifische Tätigkeit). Er hat andere Sorgen, muss vielleicht seine Familie ernähren oder hat Ärger mit seinem Chef, der an diesem Tag die Fällquote einfach so erhöht hat. Hier ist der Zusammenhang von praktischer Handlung und globaler Wirkung noch recht offensichtlich. In vielen Fällen haben wir jedoch keine Transparenz für die Folgen unserer Handlungen. Umweltverbände und die Medien leisten einen hohen Aufwand, um diese Transparenz herzustellen. Beispiele hierfür sind die damalige Produktion von Papier auf Holzbasis oder die Spraydosen mit FCKW. Erst wenn die Verbindung aus praktischem Handeln und globalen Folgen ersichtlich wird, sind wir in diesen Fällen bereit und in der Lage, unser Handeln zu verändern.

Auf Wirtschafts- und Unternehmensebene kann man dies häufig finden. Wer war hauptsächlich verantwortlich für die US-amerikanische Immobilienblase, die 2007/2008 zur sogenannten Weltwirtschaftskrise führte? Waren es die Konsumenten, die sich mit offenen Augen immer weiter verschuldeten? Waren es die Immobilienmakler, die den Markt anheizten und dafür durch Boni belohnt wurden? War es die Federal Reserve Bank, die die Zinsen auf einem Niedrigstand von um die 1 % hielt? Oder die Banken, die auch ohne Sicherheiten Kredite an ihre Klienten vergaben? Die Ratingagenturen, die über Jahre hinweg hohe Benotungen für unsichere Anlagen vergaben? Alle waren sie gemeinsam verantwortlich – in der Regel wohl ohne Absprache oder übergeordneten Plan. Es ist anzunehmen, dass jeder dieser Spieler grundsätzlich hätte wissen können, welches die unmittelbaren Ursachen des eigenen Handelns waren. Es ist auch anzunehmen, dass nur sehr wenige davon eine baldige globale Krise in Kauf nahmen oder absichtlich unterstützt haben. In Worten des Wirkungskanals wurden spezifisches Handeln und generelle Effekte nur unzureichend wahrgenommen.

Nun zu der zweiten Dimension von Abb. 7.1. Auf der *horizontalen Achse* des Schaubilds sehen Sie „Anti-Thema" und „Thema". Hier ein paar Beispiele (Tab. 7.1):

Das *Thema* ist in diesem Kontext dasjenige, das Sie selbst als *erstrebenswert* definieren und das für Sie nachhaltig gesund ist. Das Anti-Thema nehmen Sie auch wahr. Wo sich

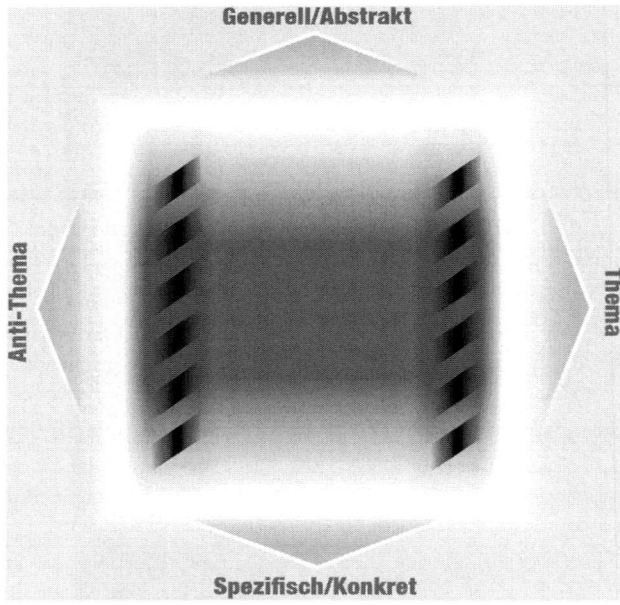

**Abb. 7.1** Themen-Level-Wirkungskanal#X:126 Y:192

**Tab. 7.1** Beispiele Anti-Thema und Thema

| Trauer | – | Freude |
|---|---|---|
| Pessimismus | – | Optimismus |
| Schmerz | – | Genuss |

ein Mensch auf der horizontalen Achse befindet, wird auch von den Umständen bestimmt, nicht nur durch dessen Einstellung. Krisen geschehen nun einmal und sie tun oftmals weh. Es gibt Momente, in denen das Anti-Thema eine wichtige Aufgabe übernimmt. Trauer ist wichtig, um sich von einem geliebten Menschen zu verabschieden. Schmerz zeigt an, wo eine Verletzung vorliegt und erinnert daran, die verletzte Stelle bis zur Heilung zu schonen. *Auf Dauer ist das Anti-Thema jedoch schädlich* für Körper, Geist, Psyche oder soziales Gefüge – es macht den Menschen krank. Chronischer Schmerz ist einer der stärksten Faktoren, Lebenszufriedenheit zu reduzieren, genauso Arbeitslosigkeit, wie Auswertungen des Sozio-Ökonomischen Panels durch das Deutsche Institut für Wirtschaftsforschung zeigen. Das Ziel ist es also, sich dem Thema mehr zuzuwenden.

Aber auch *das „Thema" hat seine Schattenseiten*. Wird es lang anhaltend übersteigert, wendet es sich ins Gegenteil. Wer sich immer und ausnahmslos dem Genuss zuwendet, gerät schnell in die Abhängigkeit, wird vielleicht gesundheitsgefährdend übergewichtig, drogenabhängig oder sexsüchtig. Ist jemand unausgesetzt optimistisch, kann er bestimmte Situationen nicht mehr realistisch einschätzen. Möchten Sie in ein Flugzeug steigen, das nicht technisch überprüft wurde, weil das Technikpersonal und Piloten „irgendwie ein gutes Gefühl bei der Sache" haben? Möchten Sie in einem Unternehmen arbeiten, in dem man immer gut drauf sein muss, Ihnen auf den Fluren nur Grinsekatzen begegnen und es tabu ist, auch einmal ein Problem anzusprechen, egal, wie offensichtlich die schädlichen Folgen sind? Wahrscheinlich nicht.

Jedes noch so erstrebenswerte Thema birgt auch negative Aspekte, gerade, wenn es auf Dauer extrem gelebt wird. Umso wichtiger ist es, auch wieder loszulassen, das „Thema" zu schwächen und von Zeit zu Zeit das „Anti-Thema" zu beachten.

Was haben die beiden Dimensionen nun mit der positiven Evolution oder Positive Leadership zu tun?

In meinen Vorträgen, Workshops, Gesprächen und Coachings begegnen mir immer wieder ähnliche Vorbehalte, die sich durch den Wirkungskanal gut entkräften lassen. Im Folgenden sehen Sie einige davon.

## 7.1 Was ist das Ziel der positiven Evolution der Kultur?

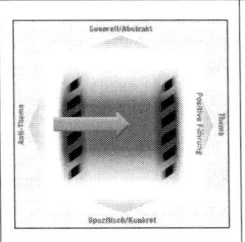

Psychologisch ungeschultes Verhalten und damit einhergehend die unzureichende Ressourcenorientierung sind Hauptursachen für psychische Belastung am Arbeitsplatz. Das Arbeiten mit Druck, Angst, Drohung mag in Einzelfällen angebracht sein, führt jedoch mittel- und langfristig zur Schädigung. Daher ist es die Aufgabe, das Thema (hier „Positive Leadership") zum üblichen oder gewohnten Verhalten zu machen. In Worten des Wirkungskanals: Der Kanal positiver Ausrichtung und positiven Handelns soll weiter in Richtung des Themas verschoben werden.

## 7.2   Harte Themen in der Wirtschaft – da können wir nicht ständig gut drauf sein, oder?

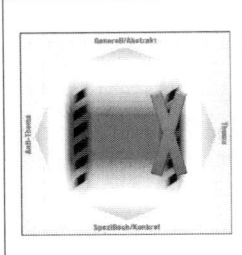

Es geht nicht darum, in den Unternehmen wie auf Blumenwiesen herumzuhüpfen und sich der Schönheit des Lebens zu erfreuen. Es geht darum, die psychischen Belastungen des Berufslebens zu reduzieren. Es geht darum, durch einen menschenzentrierten Führungsstil Ressourcen, Anerkennung und Motivation zu stärken.
Es geht nicht darum, die Glücksdiktatur auszurufen, sondern Zufriedenheit für Beruf und Familie zu fördern, um auch im Beruf leistungsfähig zu bleiben. Druck und Strafe (Anti-Thema) können in Einzelfällen als letztes Mittel der Wahl eingesetzt werden. Der Fokus liegt jedoch auf Positiven Interventionen.

## 7.3   Uns geht das nichts an. Bei uns klappt alles

Eine schöne Geschichte dazu wurde mir von einem Klinikleiter erzählt. Nachdem er drei Vorstände des gleichen Unternehmens unabhängig voneinander in Burnout-Behandlung hatte, kam er zur Einsicht, dass das betreffende Unternehmen ernste Probleme haben könnte. Immerhin war auch der gesamte Vorstand an einem Treffen interessiert. Nach einem Vortrag über Burnout meldete sich der Vorstandsvorsitzende zu Wort und sagte sinngemäß: „Das ist ja sehr interessant, was Sie über Burnout zu berichten haben. Glücklicherweise hat das nichts mit unserem Unternehmen zu tun. Bei uns ist die Führungsspitze entspannt und leistungsfähig." Leider sah sich der Klinikleiter aufgrund des Vertrauensverhältnisses zu seinen Patienten außer Stande, den Vorstandsvorsitzenden über die tatsächlichen Verhältnisse aufzuklären. Ob diese Äußerung des Vorstandsvorsitzenden nun willentliche Ignoranz oder tatsächliches Unwissen bedeutet, ist in diesem Fall nicht so wichtig. Aus der Sichtweise des Wirkungskanals fehlt hier die Beziehung zwischen genereller Aussage und spezifischem Handeln.

Dieses Phänomen begegnet mir häufig. Die Betroffenen verstehen die Problematik, können sie aber nicht auf sich selbst beziehen. Hier nur ein kleiner Test: Sind Sie der Meinung, dass die überwiegende Zahl der Autofahrer nicht so gut fahren kann wie Sie? Wenn alle so fahren würden wie Sie, wäre einiges besser? Interessanterweise ist die Mehrheit aller Autofahrer dieser Ansicht.

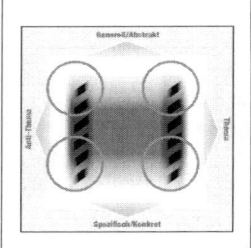

In solchen Fällen lohnt es sich, die verschiedenen Ebenen des Wirkungskanals zu betrachten. Wo beobachte ich das „Anti-Thema", z.B. Burnout? Wie steht es im Verhältnis zum „Thema", z.B. leistungsfähige Teams mit hoher Arbeitszufriedenheit und geringen Krankentagen? Wo wird das „Thema" übersteigert? Auf welchen Ebenen von „Generell" zu „Spezifisch" ist das Phänomen bekannt? Besteht generelles Wissen darüber? Wird es im praktischen Handeln gelebt? Daraus ergibt sich ein wesentlich detaillierteres Bild. Hätte sich der Vorstand den Fragen auf diese Weise genähert, wäre er sicherlich zu einer anderen Einschätzung gekommen.

## 7.4   Das wissen wir doch bereits

**Wissen ist nicht gleich Tun!** Eine Verwechslung, die Sie sehr häufig beobachten können - im Privat- wie im Berufsleben.
Vielleicht kennen Sie folgende Situation: Sie möchten abnehmen oder sich gesund ernähren. Sie wissen auch ziemlich genau, was Sie dafür tun müssen. Sie gehen an einem Büffet vorbei und greifen doch zu den „bösen" Dingen. Wie ist denn das schon wieder in Ihren Mund gesprungen?
Sind Ihnen schon Menschen begegnet, die etwas predigen, das sie selbst nicht leben? Zum Beispiel ein Manager, der als Einzelkämpfer zu mehr Teamwork aufruft? Eine cholerische Führungskraft, die brüllt, dass die Mitarbeiter besser miteinander umgehen sollen?

Als Beispiel kann ein Vortrag über das „Schulfach Glück" dienen, den ich vor den Schulleitern eines Berufsschulverbandes hielt. Im Vorfeld berichteten mir mehrere Lehrkräfte über massive Probleme mit überlasteten Lehrkräften, zu großen Klassen und Schwierigkeiten mit der Integration von z. B. ehemaligen Förderschulkindern. Nach dem Vortrag behauptete einer der Berufsschulleiter, die Grundprinzipien seien den Berufsschulen bereits bekannt. Im Anschluss arbeiteten wir in einer längeren Diskussion heraus, wo die Prinzipien in den Schulen angewendet wurden und dass dies bei weitem unzureichend war. Die Schulleiter waren anschließend überzeugt, mehr in Richtung „positive Bildung" zu investieren.

Wissen ist nicht gleich Tun. Wir mögen genau wissen, was „richtig" ist und tun doch etwas anderes. Hier besteht eine unzureichende Beziehung der vertikalen Ebene. Generelles Wissen wird in diesen Fällen zu wenig spezifisch umgesetzt. Um eine Verbindung zu schaffen ist es wichtig, die generelle Ebene immer wieder mit spezifischem Handeln lebendig zu machen und anders herum das spezifische Handeln immer wieder mit dem darüber liegenden Sinn zu verknüpfen.

## 7.5   Das klingt ja ganz vernünftig. Aber wir hatten
da mal einen Fall …

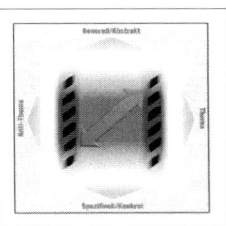

Für jedes Beispiel gibt es ein Gegenbeispiel. Das Schaubild zeigt, dass es durchaus Einzelfälle geben kann, in denen das Anti-Thema sinnvoll ist. Hier sollte die Frage erlaubt sein, ob sich diejenige, die das Argument vorgebracht hat, den Einzelfall als typisches Verhalten im Unternehmen wünscht.

In einem Workshop für positive Kommunikation berichtete eine Teilnehmerin, dass „das mit der positiven Ausrichtung nicht geht". Sie hatte gerade einen aus ihrer Sicht schwierigen Fall hinter sich: Ein Mitarbeiter hatte immer wieder gegen die Unternehmensregeln verstoßen und zog nach ihren Worten die gesamte Abteilung emotional nach unten. Mitarbeitergespräche und Mediation hatten keinen Erfolg gebracht. Der Mitarbeiter würde sich allen Annäherungsversuchen widersetzen. Da könne man doch nicht mehr positiv sein. Ich konnte ihr beipflichten. Es gibt Situationen, in denen man druckvoll und vielleicht kompromisslos handeln muss. Ist das ein Zustand, in dem sie ständig arbeiten möchte? Ihre Antwort: „Eben nicht. Das belastet mich auf Dauer. Daher bin ich ja hier bei Ihnen." Wir konnten beruhigt mit dem Workshop fortfahren mit dem Ziel, ein breites Spektrum an Alternativen zu dem Negativ-Szenario zu entwickeln. Die letzte Wahl der Mittel – mit Bestrafung und Entlassung zu arbeiten – kann dadurch seltener eingesetzt werden.

### Fazit

- Der Wirkungskanal besteht aus den beiden Achsen „Anti-Thema zu Thema" sowie „generell zu spezifisch".
- Es geht um die Verschiebung des Kanals in Richtung des erwünschten Themas. In diesem Fall hin zu Positive Leadership.
- Dabei sind generelle Überlegungen und konkrete Handlungen zu beachten.
- Das Modell dient dazu, gängige Missverständnisse gegenüber Positiven Interventionen auszuräumen.

# Anhang

---

**AnhangVorbereitungsgespräch (Abb. A.1)**

---

## Checkliste zur Zielerreichung

---

**Checklist**

- ☑ Welchem übergeordneten Zweck dient das konkrete Ziel?
- ☑ Was ist das SMARTe Ziel?
- ☑ Mit welchen Mitteln wollen wir das Ziel erreichen?
  Welche Strukturen und Ressourcen (Zeit, Geld, Material) brauchen wir dafür? Stehen diese zur Verfügung? Wie erhalte ich sie?
- ☑ Welche Personen sollen für was verantwortlich sein?
- ☑ Gibt es Hinderungsgründe, die alle Bemühungen blockieren könnten? Wenn ja, wie kann man diese bewältigen?
- ☑ Was sind die konkreten nächsten Schritte?
  - – wer tut was wann?
  - – Zeitplan erstellen
- ☑ Wem wird von Fortschritten berichtet?
- ☑ Wann überprüfen wir das Ergebnis?
- ☑ Welche Folgen hat es, wenn das Ziel erreicht und wenn es nicht erreicht wird?

© Springer Fachmedien Wiesbaden 2016
D. Dallwitz-Wegner, *Unternehmen positiv gestalten,* DOI 10.1007/978-3-658-05040-5

# Vorbereitungsgespräch

Hier finden Sie einige Fragen, die Sie im Vorbereitungsgespräch mit den Verantwortlichen besprechen können. Sie müssen nicht für jede Frage auch schon ausgefeilte Antworten finden, sich allerdings Gedanken darüber gemacht haben.

- Was ist die Ausgangssituation und was soll genau verbessert werden?

- Wer ist daran beteiligt?

- Sind Vertreter der Beteiligten zur Vorbereitung mit eingeladen?

- Welche Vorteile haben die Beteiligten durch die gewünschte Veränderung?

- Welche Hindernisse könnten auftauchen und wie wird ihnen begegnet?

- Wie soll die Ausgangsituation gemessen werden?

- Wie soll über geeignete Maßnahmen entschieden werden? Wer ist verantwortlich?

- Wer soll die Interventionen durchführen und wieviel Budget steht zur Verfügung?

- Was geschieht, wenn das Ziel nicht erreicht wird?

- Wie wird für alle Beteiligte sichtbar, dass das Ziel erreicht wurde?

- Wie könnte es danach weiter gehen?

**Abb. A.1** Vorbereitungsgespräch

# Werteliste (Abb. A.2)

| | | | | | | |
|---|---|---|---|---|---|---|
| Abenteuer | Dreistigkeit | Führung | Intuition | Pflicht | Synergie | Zärtlichkeit |
| Abgeklärtheit | Durchsetzung | Fülle | Investierung | Phantasie | Tapferkeit | Zeitlosigkeit |
| Abwechslung | Dynamismus | Furchtlosigkeit | Jugendlichkeit | Philanthropie | Teamwork | Zufriedenheit |
| Achtsamkeit | Edelmut | Gastfreundschaft | Kameradschaft | Pietät | Tiefe | Zugänglichkeit |
| Achtung | Effektivität | Geben | Klugheit | Potenz | Toleranz | Zugehörigkeit |
| Aggressivität | Effizienz | Geborgenheit | Komfort | Pragmatismus | Tradition | Zuneigung |
| Ahnung | Ehre | Geduld | Kommunikation | Präsenz | Traditionalismus | Zuverlässigkeit |
| Akribie | Ehrfurcht | Gehorsam | Kompetenz | Privatsphäre | Transparenz | Zuversicht |
| Aktivität | Ehrgeiz | Gelassenheit | Kongruenz | Proaktivsein | Transzendenz | Zweckmäßigkeit |
| Akzeptanz | Ehrlichkeit | Gemeinschaft | Können | Professionalität | Träumen | |
| Albernheit | Eifer | Gemütlichkeit | Kontinuität | Pünktlichkeit | Treue | |
| Angemessenheit | Eigenständigkeit | Genauigkeit | Kontrolle | Raffinesse | Tugend | |
| Angepasstheit | Einfallsreichtum | Genialität | Konzentration | Rätselhaftigkeit | Überfluss | |
| Anstand | Einfluss | Genügsamkeit | Kooperation | Realismus | Überlegenheit | |
| Antrieb | Einheit | Genuss | Korrektheit | Reflektion | Überraschung | |
| Anwendbarkeit | Einsamkeit | Gerechtigkeit | Kraft | Reichhaltigkeit | Überzeugung | |
| Anziehungskraft | Einsichtigkeit | Gerissenheit | Kreativität | Reichtum | Umgänglichkeit | |
| Ästhetik | Einssein | Geschicklichkeit | Kühnheit | Reife | Unabhängigkeit | |
| Aufmerksamkeit | Einzigartigkeit | Geschwindigkeit | Kultur | Reinheit | Unerschrockenheit | |
| Aufopferung | Ekstase | Geselligkeit | Lachen | Reinlichkeit | Unterhaltung | |
| Aufrichtigkeit | Eleganz | Gesundheit | Langlebigkeit | Religiosität | Unterstützung | |
| Ausbildung | Energie | Gewandtheit | Lebendigkeit | Respekt | Unversehrtheit | |
| Ausdrucksfähigkeit | Engagement | Gewinnen | Lebensfreude | Revolution | Unvoreingenommenheit | |
| Ausgeglichenheit | Entdeckung | Gewissheit | Lebenskraft | Rücksicht | Urteilsfähigkeit | |
| Ausgelassenheit | Enthusiasmus | Glanz | Lebenslust | Ruhe | Veränderung | |
| Austausch | Entschlossenheit | Glaube | Lebhaftigkeit | Ruhm | Verantwortung | |
| Authentizität | Entspannung | Gleichmut | Leichtigkeit | Sauberkeit | Verbindlichkeit | |
| Balance | Entwicklung | Glück | Leidenschaft | Scharfsinn | Verbindung | |
| Bedachtsamkeit | Erfahrung | Glückseligkeit | Leistung | Schlauheit | Verbissenheit | |
| Beflissenheit | Erfindungsgabe | Gnade | Leitung | Schönheit | Verbundenheit | |
| Befreiung | Erfolg | Großzügigkeit | Lernen | Schutz | Verehrung | |
| Begeisterung | Erhabenheit | Gründlichkeit | Logik | Seele | Vergnügen | |
| Begierde | Erholung | Güte | Loyalität | Selbstbestimmung | Vermögen | |
| Beherrschung | Erkenntnis | Gutmütigkeit | Lust | Selbstlosigkeit | Vernetzung | |
| Behutsamkeit | Ermunterung | Harmonie | Macht | Selbstvertrauen | Vernunft | |
| Beliebtheit | Ernsthaftigkeit | Hartnäckigkeit | Mäßigung | Seltsamkeit | Versicherung | |
| Bereitschaft | Errungenschaft | Häuslichkeit | Menschlichkeit | Sensitivität | Verspieltheit | |
| Bereitwilligkeit | Erwartung | Heiligkeit | Milde | Sexualität | Verständnis | |
| Berühmtheit | Expertise | Heimat | Mitbenutzung | Sicheres Auftreten | Verwegenheit | |
| Beschaulichkeit | Extravaganz | Heimlichkeit | Mitgefühl | Sicherheit | Vielfalt | |
| Bescheidenheit | Extraversion | Heiterkeit | Mitwirkung | Sieg | Vision | |
| Beschränkung | Exzellenz | Heldenmut | Mode | Signifikanz | Vitalität | |
| Besonnenheit | Fairness | Heldentum | Motivation | Sinn | Vollendung | |
| Beständigkeit | Faszination | Herausforderung | Mumm | Sinnlichkeit | Vorfreude | |
| Bestätigung | Feiern | Herkunft | Mündigkeit | Sittsamkeit | Vorsatz | |
| Beweglichkeit | Finanz. Unabh. | Herz | Mut | Solidarität | Wachsamkeit | |
| Bewusstheit | Findigkeit | Herzlichkeit | Nachhaltigkeit | Sorgfalt | Wachstum | |
| Bindung | Fitness | Hilfsbereitschaft | Nächstenliebe | Sozialsein | Wahrheit | |
| Bissigkeit | Fleiß | Hingabe | Nähe | Spannung | Wahrnehmungsvermögen | |
| Brauchbarkeit | Flow | Hochgefühl | Natur | Sparsamkeit | Wandel | |
| Brillanz | Fokus | Hoffnung | Natürlichkeit | Spielen | Wärme | |
| Charisma | Frechheit | Höflichkeit | Nerv | Spiritualität | Weiterentwicklung | |
| Charme | Freiheit | Humor | Neugier | Spontanität | Wertschätzung | |
| Coolness | Freizügigkeit | Hygiene | Neugierde | Sportlichkeit | Wildheit | |
| Dankbarkeit | Freude | Innovation | Nützlichkeit | Sprachkompetenz | Wirtschaft | |
| Demut | Freundlichkeit | Inspiration | Offenheit | Stabilität | Wissensdurst | |
| Der Beste sein | Freundschaft | Integration | Optimismus | Stärke | Witzigkeit | |
| Dienst | Frevelhaftigkeit | Integrität | Ordnung | Stille | Wohlgefallen | |
| Direktheit | Frieden | Intelligenz | Ordnungsliebe | Strebsamkeit | Wohlstand | |
| Diskretion | Fröhlichkeit | Intensität | Organisation | Strenge | Wortgewandtheit | |
| Disziplin | Frohsinn | Intimität | Originalität | Struktur | Wunder | |
| Dominanz | Frömmigkeit | Introversion | Perfektion | Sympathie | Würde | |

**Abb. A.2** Werte

**Tab. A.1** Aktiv-Konstruktiv

|          | Konstruktiv                                                                                                                                                                                                                   | Destruktiv                                                                                                                    |
| -------- | ----------------------------------------------------------------------------------------------------------------------------------------------------------------------------------------------------------------------------- | ----------------------------------------------------------------------------------------------------------------------------- |
| Aktiv    | Verbal: Wow, das ist klasse. Ich freue mich für dich. Erzähle doch mal, wie hast du das erfahren? Hat das noch weitere Vorteile, zum Beispiel mehr Verantwortung, die du ja seit Kurzem haben willst? Lass uns das richtig feiern heute Abend. | Verbal: Was? Du hast eine Gehaltserhöhung bekommen? Für was denn? Ich rackere mir den Hintern ab und bekomme gar nichts. Das ist unfair! |
|          | Nonverbal: Umarmung, strahlende Augen, Zuwendung                                                                                                                                                                              | Nonverbal: Abwendung, Aggression                                                                                              |
| Passiv   | Verbal: Prima, gut gemacht.                                                                                                                                                                                                   | Verbal: Ah ja. Hast du Nachrichten gehört? In Japan hat es ein Erdbeben gegeben.                                              |
|          | Nonverbal: Kurzes Zunicken, gelassene Haltung                                                                                                                                                                                 | Nonverbal: Auf einen anderen Punkt sehen, mit einem Gegenstand spielen, sehr gelassen dasitzen                                |

## Aktiv-Konstruktiv

Nehmen Sie einmal an, Sie kommen zu einem Freund mit der folgenden Aussage: „Hey, stell dir vor, ich habe eine Gehaltserhöhung bekommen." Wie könnte Ihr Freund reagieren? Hier sehen Sie einige Beispiele in der Einteilung zu aktiv-passiv und konstruktiv-destruktiv (Tab. A.1).

In meinen Workshops empfinden viele Teilnehmer bereits die Beispiele in Passiv-Konstruktiv als eigentlich Aktiv-Konstruktiv. Das Modell geht aber darüber hinaus. Aktiv wird es hier erst, wenn man sich körperlich und verbal einbringt, das Gegenüber positiv spiegelt und die Kommunikation am Leben erhält.

## Erreichbare (SMARTe) Ziele

Immer wieder erstaunt mich die lückenhafte Fähigkeit, Ziele zu definieren – selbst bei Führungskräften. „Strengen Sie sich mehr an!" ist kein Ziel. Hier zur Unterstützung die bewährte SMART-Methode. Jeder Buchstabe von SMART steht für einen Anfangsbuchstaben der folgenden fünf Kriterien. Auch wenn Sie Ihnen bekannt sind, lohnt sich immer wieder ein Blick darauf.

### Spezifisch

Worte wie „irgendwie", „etwas" oder „mehr" haben in einer klaren Zieldefinition nichts zu suchen. Ein konkretes Ziel bezieht sich auf einen spezifischen Sachverhalt, der genau beschrieben werden kann.

## Messbar

Meiner Ansicht nach ist alles, was beobachtet werden kann, auch messbar. Das schließt subjektive Einschätzungen mit ein (siehe Abschn. 6.4). Jede Veränderung, das heißt jede Zielvorstellung, sollte Kriterien enthalten, die den Unterschied vom Ist- zum Soll-Zustand bestimmt. Seien Sie sich im Klaren, welches diese Kriterien sind und wie Sie sie messen wollen.

## Attraktiv

In der Literatur finden Sie unterschiedliche Worte für den Buchstaben A in SMART. Im Zusammenhang mit dem Einmaleins der positiven Evolution ist es wichtig, ein Ziel mit positiven Emotionen zu verbinden. Das erhöht die Chance der Umsetzung und fördert alle Beteiligten. Nehmen Sie den Elefanten mit ins Boot.

## Realistisch

Visionen mögen manchmal unrealistisch und dennoch wirksam sein. Erreichbare Ziele sind es nicht. Durch den spezifischen und messbaren Charakter entsteht eine gute Vorstellung, ob das Ziel auch realistisch ist. Erreichen Sie häufig Ihre Ziele nicht, weil sie unrealistisch waren, werden Sie demotiviert. Erreichte Ziele motivieren Sie zu weiteren Zielen.

In „realistisch" ist ebenfalls enthalten, dass Sie das Ziel mit den gegebenen Fähigkeiten erreichen können und über die nötigen Ressourcen verfügen. Unrealistisch wäre es, auf Glück oder unerwartete Hilfe zu hoffen.

## Terminiert

Ein Teil der Messbarkeit ist der Zeitpunkt, an dem gemessen wird. Der konkrete Termin zur Zielerreichung sollte so festgelegt werden, dass er zwar eine Herausforderung darstellt, aber realistisch erreichbar ist.

Für alle Elemente des SMART gilt die Flow-Regel: Die Anforderungen so hoch setzen, dass sie gerade so von den Fähigkeiten oder Möglichkeiten erreichbar sind. Wird ein Ziel nicht erreicht, sollten zunächst SMART-Elemente untersucht werden. War das Ziel klar genug definiert? Brauche ich weitere Fähigkeiten oder Ressourcen? Brauche ich mehr Zeit? Kann ich mir ein Teilziel definieren, dass SMARTer ist? Oder ist das Ziel gar nicht attraktiv und ein anderes Ziel ist viel lohnender?

## Werte in Handeln wandeln (Tab. A.2)

## Zielvereinbarung (Abb. A.3)

**Tab. A.2** Anhang – Werte in Handeln wandeln

| Wert | Konkrete Handlungsideen und wie sie etabliert werden können | Benötigte Ressourcen Verantwortliche Personen |
|---|---|---|
|  |  |  |
|  |  |  |
|  |  |  |
|  |  |  |
|  |  |  |

## Flow-Drehbuch

Schreiben Sie das Drehbuch Ihres Tages. Jede Episode sollte 15–120 min lang sein. Nachdem Sie die Episoden aufgeschrieben haben, machen Sie den Test. Kreuzen Sie nur diejenigen Episoden an, die alle Kriterien erfüllen (Tab. A.3).

## BFS-Methode (Abb. A.4, A.5, A.6)

## Konzentrationsinseln (Tab. A.4)

# Zielvereinbarung

- Mitarbeiter wurde informiert am: _____

- Heutiges Datum: _____

- Allgemeines Befinden des Mitarbeiters

- Themen, die besprochen werden

- Ziele, die gemeinsam vereinbart wurden (SMART)  (z.B. Verbesserungen, Veränderungen, Umsatzziele, Neuentwicklung)

- Welche Ressourcen werden (zusätzlich) benötigt?

- Kurzes Blitzlicht („Wie fühlen Sie sich mit der Vereinbarung?)

- Gibt es von Seiten des Mitarbeiters sonstige Ideen, die bisher nicht besprochen wurden?

- Nächster Termin: _____

- Nach dem Gespräch:

  |  | ☹ | ☺ |
  |---|---|---|
  | Eigene Zufriedenheit mit dem Gespräch | 0 ———————— | 10 |
  | Gefühlslage des Mitarbeiters | 0 ———————— | 10 |
  | Initiative des Mitarbeiters | 0 ———————— | 10 |

**Abb. A.3** Zielvereinbarung

**Tab. A.3** Flow-Drehbuch

| Zeit | Titel | Beschreibung der Episode | Test |
|---|---|---|---|
| | | | Alle Kriterien erfüllt? Ja [ ] |
| | | | Gut gefühlt |
| | | | Anspruchsvoll |
| | | | Bewältigbar |
| | | | Zeitflug |
| | | | Alle Kriterien erfüllt? Ja [ ] |
| | | | Gut gefühlt |
| | | | Anspruchsvoll |
| | | | Bewältigbar |
| | | | Zeitflug |
| | | | Alle Kriterien erfüllt? Ja [ ] |
| | | | Gut gefühlt |
| | | | Anspruchsvoll |
| | | | Bewältigbar |
| | | | Zeitflug |
| | | | Alle Kriterien erfüllt? Ja [ ] |
| | | | Gut gefühlt |
| | | | Anspruchsvoll |
| | | | Bewältigbar |
| | | | Zeitflug |
| | | | Alle Kriterien erfüllt? Ja [ ] |
| | | | Gut gefühlt |
| | | | Anspruchsvoll |
| | | | Bewältigbar |
| | | | Zeitflug |
| | | | Alle Kriterien erfüllt? Ja [ ] |
| | | | Gut gefühlt |
| | | | Anspruchsvoll |
| | | | Bewältigbar |
| | | | Zeitflug |

Schritt 1: Bedeutung, Freuden und Stärken sammeln

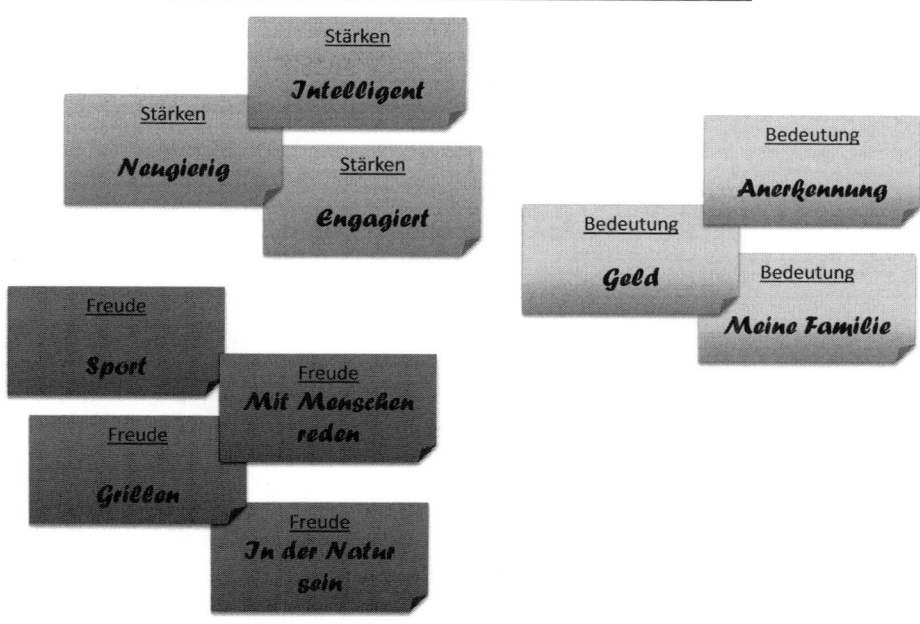

**Abb. A.4**  BFS-Methode: Schritt 1

Schritt 2: Überschneidungen suchen

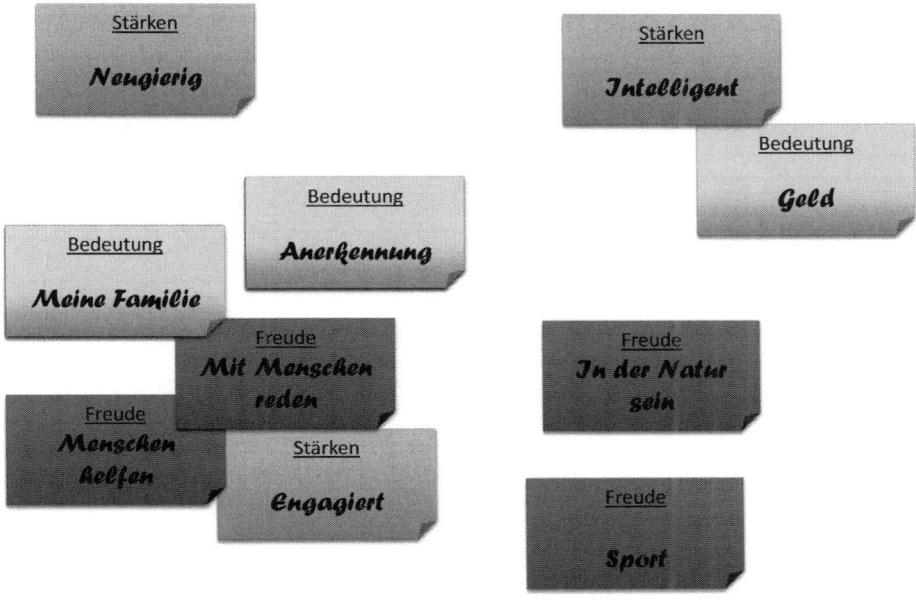

**Abb. A.5**  BFS-Methode: Schritt 2

Schritt 3: Anwendung auf Berufsfeld

*Rechtsabteilung einer Brauerei*

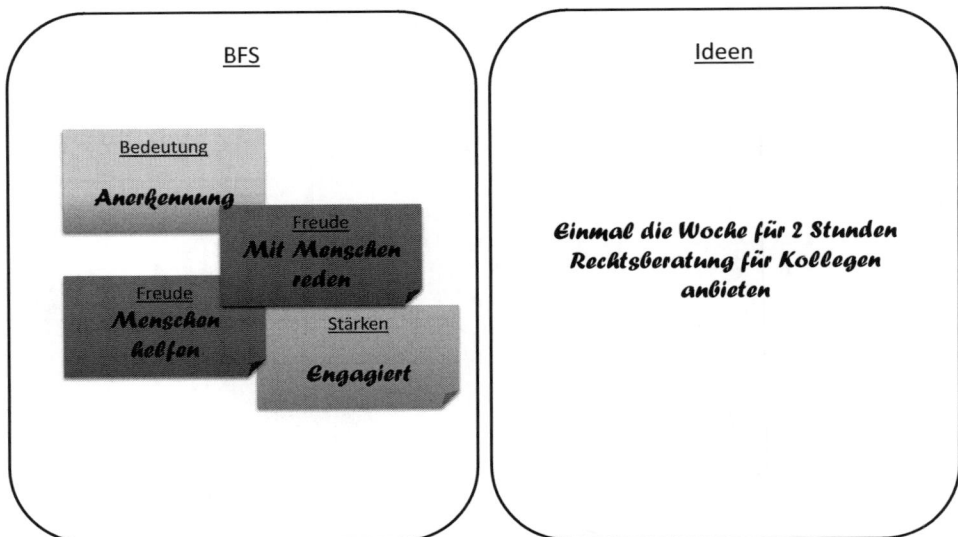

**Abb. A.6** BFS-Methode: Schritt 3

**Tab. A.4** Konzentration messen

| Von | Anrufe | Wie konzentriert konnte ich diese Stunde meine Arbeitsziele verfolgen? |
| | Emails | „1" bedeutet „so gut wie gar nicht" und „10" bedeutet „sehr gut" |
| Bis | Kollegen | |
| | Internet | |
| | Sonstiges | |
| Von | Anrufe | Wie konzentriert konnte ich diese Stunde meine Arbeitsziele verfolgen? |
| | Emails | |
| Bis | Kollegen | |
| | Internet | |
| | Sonstiges | |
| Von | Anrufe | Wie konzentriert konnte ich diese Stunde meine Arbeitsziele verfolgen? |
| | Emails | |
| Bis | Kollegen | |
| | Internet | |
| | Sonstiges | |
| Von | Anrufe | Wie konzentriert konnte ich diese Stunde meine Arbeitsziele verfolgen? |
| | Emails | |
| Bis | Kollegen | |
| | Internet | |
| | Sonstiges | |

**Tab. A.4** (Fortsetzung)

| Von | Anrufe | Wie konzentriert konnte ich diese Stunde meine Arbeitsziele verfolgen? |
|-----|--------|-------------------------------------------------------------------------|
|     | Emails |                                                                         |
| Bis | Kollegen |                                                                       |
|     | Internet |                                                                       |
|     | Sonstiges |                                                                      |
| Von: | Anrufe | Wie konzentriert konnte ich diese Stunde meine Arbeitsziele verfolgen? |
|     | Emails |                                                                         |
| Bis | Kollegen |                                                                       |
|     | Internet |                                                                       |
|     | Sonstiges |                                                                      |
| Von | Anrufe | Wie konzentriert konnte ich diese Stunde meine Arbeitsziele verfolgen? |
|     | Emails |                                                                         |
| Bis | Kollegen |                                                                       |
|     | Internet |                                                                       |
|     | Sonstiges |                                                                      |

Druck: KN Digital Printforce GmbH · Schockenriedstraße 37 · 70565 Stuttgart